土の中の美しい生き物たち

超拡大写真でみる不思議な生態

萩原康夫・吉田 譲・島野智之［編著］
塚本勝也・前原 忠［著］

朝倉書店

執筆者 (*は編著者)

萩原　康夫*　昭和大学富士吉田教育部 准教授

吉田　譲*　株式会社PCER／写真家

島野　智之*　法政大学自然科学センター 教授

塚本　勝也　写真家

前原　忠　東京大学大学院農学生命科学研究科 助教

はじめに

　土壌動物は，20年ほど前までは一部の専門家が研究し，その姿は学術書（論文）の中のプレパラート写真として紹介されてきたにすぎない．土壌動物の写真は，ツルグレン装置で採集され，そのままエタノールに落下し固定された，いわば死んだ標本を撮影したものでしかなかった．実際に落ち葉をめくっても，そこに見いだされる土壌動物はごくわずかで，偶然目撃した個体でしかない．昆虫のように探して採集するというのはほぼ不可能で，見つけ採りから生態学的研究のための情報を得ることや，分類学的研究のためにさえも，充分な個体は採集できないと教えられてきた．そのためツルグレン装置やマックファーデン装置などで土壌から動物を追い出し，それを標本にするのは「当たり前」だったのだ．

　しかし，そこに一石を投じられたのは写真家の皆越ようせいさんで，例えば『土の中の小さな生き物ハンドブック』（文一総合出版，2005）には，その素晴らしい生態写真が掲載されている．皆越さんの生態写真は，土壌動物のさまざまな生き様をありありと写し出しているが，僕たち土壌動物学者がそこに迫ることは，これまでまったくできなかった．

　昆虫学者のファーブルは，「昆虫記」の中でいう．

　「あなた方は研究室でムシを拷問にかけ，細切れにしておられるが，私は青空の下で，セミの歌を聴きながら観察しています．あなた方は薬品を使って細胞や原形質を調べておられるが，私は本能の，最も高度な現れ方を研究しています．あなた方は死を詮索（せんさく）しておられるが，私は生を探っているのです．」（ジャン＝アンリ・ファーブル著，奥本大三郎訳『完訳ファーブル昆虫記 第2巻・上 』（集英社，2006）より）

　僕たち土壌動物学者は，生き生きとした土壌動物の生態を知るために研究したいという気持ちで心の中はいっぱいなのに，いつも，死んでしまった標本から，何かを言うしかなかった．このため，一部の土壌動物研究者は飼育を始めた．僕自身もササラダニからの初めてのフェロモンを発見したのは（Shimano *et al*., 2002），生きたササラダニを使って新しい発見がしたいという思いからだったし，マツタケの香りがトビムシの摂食を忌避させる（Sawahata *et al*., 2008）という研究も，生きたトビムシを使って行動を確認したかったためである．しかし，土壌動物の形態を観察するのは，そんな僕でもやはり，エタノールで固定してスライド標本になった姿，高倍率の生物顕微鏡の下のみだった．生きたダニやトビムシを実体顕微鏡で眺めていても，形態を観察するには至らなかった．

　それが，この数年間のうちに，事態は激変した．生き生きとしたさまざまな土壌動物の生態写真が，SNSをはじめとしたインターネット環境にアップされ，共有されるようになったのである．多くのアマチュアが，それぞれの足元の小さな土壌動物を画面いっぱいに撮影した美しい写真の数々．僕たち土壌動物学者は，これまで標本では見たことのないような姿を見いだし，感激のあまり絶叫したのだった．

　「土壌動物は多様で興味深く，そして美しい．」これまで僕らは確かにそう言ってきた，しか

し，本当の土壌動物達の姿を知らなかったのだと自戒した．皆越さんが撮影を始めた土壌動物たちだが，多くのアマチュアが次々撮影する土壌動物写真によって，土の中の世界はまるで宇宙のように広がり，日々インターネット空間の中で膨張している．

これだけではもったいないと，僕たちは思ったのである．その美しい写真たちをまとめ，あるいは，野外に持ち出して森の落ち葉の上で広げてみたい．また，自然観察会においても，この拡大して写された姿を見せながら説明したい．そのためにこの本を作ることになった．まずはこの本の第2章を開いてほしい．図鑑とは違って学術的な情報は少ないが，躍動感ある土壌動物たちの姿を目にしていただけるだろう．

写真家の吉田 譲さんと塚本勝也さんには，本書のために体系的な写真撮影をお願いすることになり，たいへんなご苦労をおかけした．また，第3章では惜しみなくその撮影のテクニックを紹介していただいた．

また，第4章では，土壌動物の世界に多くの方を誘うための「自然観察会」の手引きを加えた．ぜひ，この本とともに授業や観察会などを開いていただきたいと思う．　　　　〔島野智之〕

ふかふかの落ち葉，転がっている石や倒木，動物の糞や死骸，はたまた道脇に生えているコケの中など，一見なんでもないように見える場所は，じつは小さな生き物たちの大切な場所となっている．そうしたところをよく探してみると，思いがけないような出会いがあるかもしれない．

ダンゴムシやアリ，クモ，ダニなどは見たことや聞いたことがあると思う．かれらのような落ち葉の下や土の中で生活している生き物たちは，土壌動物と呼ばれている．土壌動物の世界はとても奥が深く，先にあげた生き物以外にも，じつに多様な姿，暮らしをしている生き物たちがいる．

例えば，カニのようなはさみで獲物を捕まえるカニムシや，トゲが生えた鎌のような触肢をもつザトウムシ，危険を感じると跳躍器と呼ばれる器官で跳ねて逃げるトビムシなどがいる．また，アリの巣の中で暮らしているヤスデや，落ち葉などを食べるとされているコムカデなど，私たちの足元には，こういった小さいけれど複雑で不思議な生き物の世界が広がっているのだ．

私たちのような土壌動物が好きな愛好家や研究者は，それらを探し求めて地面に腹ばいになったり，石や落ち葉を一つ一つめくったり，倒木をひっくり返したり，落ち葉などを篩にかけて探したりする．中には寒い時期にしか姿を現さない種や，標高の高い所にしかいない種，地下の生活に特化した種など，限られた場所，条件でしか見ることのできないものもいる．

情報が少ないなか手探りで見つけた小さな生き物たちは，私にとってかけがえのない出会いや喜びをもたらし，経験や知見を地道にコツコツと積み重ねることによって，素敵な土壌動物の世界をより深く知ることができた．

本書ではそうして得られた彼らの生き生きとした美しい姿を写真で紹介することで，普段なかなか見ることのできない土壌動物の魅力をお伝えしたいと思う．少しでも多くの方に興味をもっていただければ，これ以上ない喜びである．　　　　〔吉田 譲〕

■ 同定協力者

本書では以下の方々に同定についてお世話になりました．（本書での分類群の並び順，敬称略）

大高明史（弘前大学）：　ウズムシ目

黒住耐二（千葉県立中央博物館）・脇　司（東邦大学）：　マキガイ綱（腹足綱）

伊藤雅道（駿河台大学）：　ミミズ類（ナガミミズ目）

中野隆文（京都大学）：　ヒル綱

神崎菜摘（森林総合研究所）：　線虫類（線形動物門）

鶴崎展巨（鳥取大学）：　ザトウムシ目

高久　元（北海道教育大学）：　トゲダニ目

山内健生（帯広畜産大学）：　マダニ目

芝　　実（松山東雲女子短期大学 名誉教授）：　ケダニ亜目

佐藤英文（東京家政大学）：　カニムシ目

馬場友希（農研機構・農業環境変動研究センター）：　クモ目

石井　清（獨協医科大学 名誉教授）：　ムカデ綱，コムカデ綱，ヤスデ綱

萩野康則（千葉県立中央博物館）：　エダヒゲムシ綱

唐澤重考（鳥取大学）：　ワラジムシ目

田中真悟（福岡市）：　トビムシ目

一澤　圭（鳥取県立博物館）：　トビムシ目

中森泰三（横浜国立大学）：　トビムシ目

富塚茂和（十日町市里山科学館 越後松山之山「森の学校」キョロロ）：　トビムシ目

長谷川真紀子（昭和大学）：　トビムシ目

中村修美（埼玉県立自然の博物館）：　カマアシムシ目・ガロアムシ目

関谷　薫（筑波大学）：　コムシ目

■ 謝　辞

　同定協力者の方々には，写真（一部は標本）に基づいた同定というきわめて難しいお願いをしたにもかかわらず，快くお引き受けいただきましたことに，心よりの感謝を申し上げます．

　写真の撮影に関しては，以下の方々にご協力をいただきました．ありがとうございました．青木由親，新井浩司，粂原良輔，小松　貴，紺野洋樹，佐久間聡，佐野　誠，島田　拓，とよさきかんじ，西山桂一，藤原菜生子，吉川明宏，吉田　修，吉田佳奈，吉野広軌（敬称略，順不同）．

　山﨑健史博士（首都大学東京）には，土壌動物の調査や写真の撮影などに大きく貢献していただきました．青木淳一博士（横浜国立大学 名誉教授）には，図版の使用についてご快諾をいただき，貴重なコメントもいただきました．あわせて感謝を申し上げます．

　また，本書の製作を通じて，同定協力者・撮影協力者の方々，およびそのほかのたくさんの方々から，内容に関する貴重な情報やアドバイスをいただきました．あらためてすべての皆様に感謝を申し上げます．

　　本書は，公益財団法人日本生命財団から，平成29年度ニッセイ財団環境問題研究助成を受けました．

目次

第1章　土壌動物とは何か 〔島野智之・前原　忠〕

1-1　**土壌は生物多様性の宝庫** ……………………………………… 1

1-2　**土壌動物の範囲と種類** …………………………………………… 1

　　1-2-1　土壌動物の大きさに基づく類別 ……………………… 2
　　1-2-2　土壌動物の調査手法に基づく類別 …………………… 2
　　1-2-3　土壌動物の採集法 ……………………………………… 3

1-3　**土壌動物学** ………………………………………………………… 7

　　1-3-1　土壌動物の働き ………………………………………… 7

1-4　**環境指標と土壌動物** ……………………………………………… 8

第2章　分類群 〔写真：吉田　譲・塚本勝也〕〔解説：前原　忠・萩原康夫・島野智之〕

ウズムシ目 …………………… 13	サソリ目 ………………… 66
マキガイ綱（腹足綱）…… 15	クモ目 …………………… 67
ミミズ類（ナガミミズ目）20	サソリモドキ目………… 73
ヒメミミズ科 ……………… 23	ヤイトムシ目 …………… 74
ヒル綱 ……………………… 24	ムカデ綱 ………………… 75
線虫類（線形動物門）…… 26	コムカデ綱 ……………… 84
ザトウムシ目 ……………… 27	エダヒゲムシ綱 ………… 85
ダニ類 ……………………… 36	ヤスデ綱 ………………… 87
トゲダニ目………… 37	ワラジムシ目 …………… 95
マダニ目………… 41	トビムシ目 …………103
ケダニ亜目………… 42	カマアシムシ目 ………123
ササラダニ亜目………… 49	コムシ目 ………………124
コナダニ小目………… 58	ガロアムシ目 …………126
カニムシ目 ………………… 60	

iv

第3章 野外におけるマクロ撮影方法 〔吉田 譲・塚本勝也〕

3-1 はじめに ……………………………………………………………… 127

3-2 コンパクトデジタルカメラを使う場合 …………………………… 127

    3-2-1 クローズアップレンズを使う ……………………………… 127

3-3 デジタル一眼カメラ（一眼レフ・ミラーレス一眼）を使う場合 … 128

    3-3-1 カメラ ……………………………………………………… 128
    3-3-2 レンズ ……………………………………………………… 129
    3-3-3 ストロボ，ディフューザー ……………………………… 133

3-4 撮影の仕方 ………………………………………………………… 135

    3-4-1 カメラの構え方 …………………………………………… 135
    3-4-2 被写体の捉え方 …………………………………………… 136
    3-4-3 高倍率撮影時の設定やピント面について ……………… 136

3-5 土壌動物を探すコツ ……………………………………………… 137

第4章 土壌動物を対象とした自然観察会の案内
〔萩原康夫〕

4-1 観察会の手引き …………………………………………………… 139

    4-1-1 土壌動物を対象とした観察会のマニュアルについて ……… 139
    4-1-2 土壌動物観察会を実施するために必要な器具・道具について … 146

4-2 環境指標動物としての土壌動物──「自然の豊かさ」について …… 150

引用文献一覧 …………………………………………………………… 153
あとがき ………………………………………………………………… 155

索　引 ………………………………………………………………… 156

    事項索引 …………………………………………………………… 156
    動物名索引 ………………………………………………………… 157

本書に掲載された写真の分類群への検索表

① 脚はない． → ②へ
　脚がある． → ⑦へ

② 固い殻をもつ → マキガイ綱（腹足綱）（※本書ではナメクジは扱わない） p.15
　固い殻をもたない → ③へ

③ 体は扁平 → ④へ
　体の断面は丸で細長い → ⑤へ

④ 体節が見え，動きは速い → ヒル綱　p.24
　体節はなく，動きは遅い → ウズムシ目　p.13

⑤ 体の先端は（少なくとも片端は）尖った形状 → 線虫類（線形動物門） p.26
　体の先端は尖っていない → ⑥へ

⑥ 体長2cm以上，体節明瞭 → ミミズ類（ナガミミズ目） p.20
　体長2cm以下，体節不明瞭（体節はあるが肉眼で明瞭には見えない） → ヒメミミズ科　p.23

⑦ 脚は3対 → ⑧へ
　脚は4対以上 → ⑪へ

⑧ 触角がない（前肢が鎌状） → カマアシムシ目　p.123
　触角がある → ⑨へ

⑨ 跳躍器と腹管（粘管）がある → トビムシ目　p.103
　跳躍器と腹管はない → ⑩へ

⑩ 触角は数珠状で細長，中胸，後胸の背板が発達 → コムシ目　p.124
　触角は細長，前胸背板が発達 → ガロアムシ目（※本書ではそのほかの昆虫は扱わない） p.126

⑪ 脚は4対 → ⑫へ
　脚は7対以上 → ㉒へ

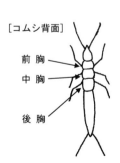

⑫ ハサミをもつ → ⑬へ
　ハサミをもたない → ⑮へ

⑬ 尾部は長くない → カニムシ目　p.60
　長い尾部をもつ → ⑭へ

⑭　後腹部に毒針をもつ　→　サソリ目　p.66
　　毒針をもたず，細い尾鞭をもつ　→　サソリモドキ目　p.73

⑮　体は明瞭に2部に分離　→　クモ目　p.67
　　体は明瞭に2部に分離しない　→　⑯へ

⑯　後体部に明瞭な体節は見られない，体長は多くは2 mm以下　→　ダニ類　⑰へ
　　後体部に明瞭な体節がある，体長は多くは数mm以上　→　㉑へ

⑰　脚の付け根が丸い穴状で可動（基節がある），気門が側面にある　→　胸穴ダニ類　⑱へ
　　脚の付け根は丸い穴状ではない，気門は側面に開口していない　→　胸板ダニ類　⑲へ

⑱　顎体部は鋏状ではない（錐状），第1脚先端節（跗節）が膨らみ背面に感覚器であるハーラ器官がある　→　マダニ目　p.41
　　顎体部は鋏状，土壌性のものはヘルメットをふせたような形，あるいは背中に硬い背板という部分がある，さまざまな形，半透明，白，淡褐色〜濃褐色　→　トゲダニ目　p.37

⑲　1対の明瞭な胴感杯と胴感毛がある，爪は1か3（まれに2），体が硬いものが多い，体色は白，茶色，赤茶，黒　→　ササラダニ亜目　p.49
　　明瞭な胴感杯はない，胴感毛は1対以上か，ない　→　⑳へ

[ササラダニ背面]
胴感杯
胴感毛

⑳　胴感毛はない，生殖門は「人」の字型，体色は白　→　コナダニ小目　p.58
　　胴感毛は1対以上，生殖門は縦スリットか両開き，少なくとも第2脚〜第3脚は2爪　大きさはさまざま，前体部と後体部の区切りの横溝は明瞭，感覚毛は1対のものが多い，体は柔らかいものが多い，体色は，赤．緑，黄色，青，白，褐色，黒　→　ケダニ亜目　p.42

㉑　頭胸部（背面中心部）の眼丘に1対の眼をもつ．第2脚で周囲をたぐるように歩くものが多い
　　→　ザトウムシ目　p.27
　　頭胸部の前端に眼点（痕跡）をもつ．体は細長く，素早い．第1脚で周囲をたぐるように歩く，尾状突起はヤイト（灸）状　→　ヤイトムシ目　p.74

㉒　脚は7対　→　ワラジムシ目　p.95
　　脚は8対以上　→　㉓へ

[ザトウムシ背面]
頭胸部
腹部

㉓　脚は8〜9対，まれに10対（触角が枝分かれ）
　　→　エダヒゲムシ綱　p.85
　　脚は11対以上　→　㉔へ

㉔　脚は11対か12対　→　コムカデ綱　p.84
　　脚は多数　→　㉕へ

㉕　脚は各体節に1対　→　ムカデ綱　p.75
　　脚は各体節に2対　→　ヤスデ綱　p.87

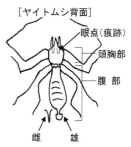

[ヤイトムシ背面]
眼点（痕跡）
頭胸部
腹部
雌　雄

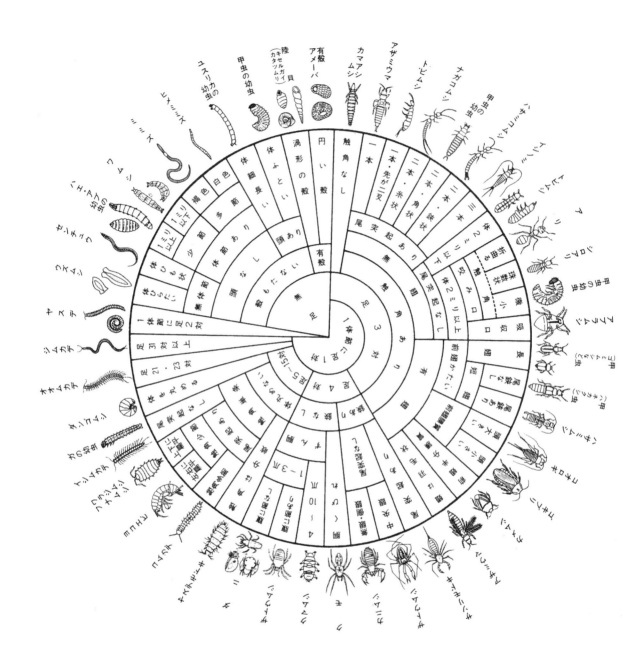

土壌動物のおおまかな分類のための円盤検索表（青木，1994）

第1章　土壌動物とは何か

1-1　土壌は生物多様性の宝庫

「土の中はわからんものでいっぱいだ（Gisin, 1947）」とか，「土壌は貧乏人の熱帯雨林だ（Usher *et al.*, 1982）」など，いずれも土壌動物をよく知る研究者の言葉である．

確かに土壌には，たくさんの名前のついていない生き物たちが新種として発見されることを待っているし，生物の多様性研究の観点からも，わざわざ熱帯雨林まで行かずとも，足元の土壌動物を研究すれば熱帯雨林研究に匹敵するほど十分な生物多様性が研究できるだろう．4億年以上前に陸上にあがった節足動物の多くは，いまだに古い姿のままで土壌中に生息しており，昆虫類の多くも幼虫期–蛹期を土の中で過ごす．陸上の動物の高次分類レベルでの多様性は土壌にこそ，あるのだ．（もっとも，土壌動物の専門家は，結局のところ極寒のツンドラから熱帯雨林まで駆け回って土壌動物を追い求めているのだが．）

だから，私たちに身近な雑木林でも，土壌動物の楽しさや美しさに十分触れていただける．むしろ，そんな雑木林でさえも，そこに生息する土壌動物のすべてを明らかにすることは難しいのである．

1-2　土壌動物の範囲と種類

土壌動物は，「土の中で生活している」生き物達のことだが，「土の中にいる」だけでは土壌動物とはよべない．①モリアオガエルは，冬眠のために土壌中に数ヶ月もいるが，土の中で活動はしていないので土壌動物ではない．②クロサンショウウオは，春先に幼体が水の中で生活しているが，成体になってからは一生のほとんどをワラジムシやミミズを食べて暮らしているので，土壌動物ということになる．③カブトムシは，成虫は木の上にいるが，幼虫は落ち葉などを餌として生活するので，土壌動物であるともいえる（青木，1973；永野・澤畠，2009）．

さて，「動物」という響きが，何か違和感があるかもしれない．昆虫，ミミズ，モグラ，など，これらを合わせると呼び名がないので「動物」となる．なかには，葉緑体を持った原生生物もいるので，動物のカテゴリーからはみ出してしまうものもあるが，土壌生物とよぶと多種多様な土壌微生物もカテゴリーに入ってきてしまうので，微生物を除く生物群といえばよいだろうか．

第1章　土壌動物とは何か

1-2-1　土壌動物の大きさに基づく類別

　土壌動物は，体の大きさで類別することがおこなわれてきた．体の大きさによる類別は，動物の分類体系とはまったく関係がないが，後述するそれぞれの動物群の調査手法と関係している場合が多い．また，体長は口器の大きさと関係があるため，小型土壌動物はバクテリア食または捕食性のものが多く，中型土壌動物は菌食（菌糸食），腐植食，または捕食性のものが多い傾向にある．ただし，バクテリアを摂食するコナダニ亜目や線虫類が中型土壌動物の範囲に所属するなど，例外も多い．

(1) 小型土壌動物（ミクロファウナmicrofauna，0.2 mm（= 200 μm）以下）：原生生物・ワムシ・クマムシ

(2) 中型土壌動物（メソファウナmesofauna，0.2 mm ～ 2 mm）：ダニ類，トビムシ類・コムカデ・コムシなど

(3) 大型土壌動物（マクロファウナmacrofauna，2 mm ～ 2 cm）：歩行性甲虫類・ミミズ・クモ・ワラジムシ・ムカデ・ヤスデなど

(4) 超大型土壌動物【新称】（メガファウナmegafauna，2 cm以上）：モグラ・大型のミミズなど

1-2-2　土壌動物の調査手法に基づく類別

　土壌に生息する生物は，落ち葉・土壌粒子等が邪魔をしてそのままでは観察できない．そこで，一般的には土壌動物は「土壌から追い出す」ことによって調査を行う．このことを「土壌動物を抽出する」という．例えば，土壌を乾燥させることにより逃げ出した動物（主に節足動物）を下部に設置した容器内に集めるツルグレン法（Tullgren method），水の中に土壌を浸漬することによって同じく移動した動物を集めるベールマン法（Baermenn method），オコナー法（O'Conner method）といったものがある．この土壌動物の抽出の過程を経て，そこに生息する生物の多様性研究や生態研究ができるのである．

　中型で節足動物を主とする移動に水分を必要としない動物（乾性動物：ダニ・トビムシ・コムカデなど）の採集には乾式抽出法（ツルグレン法など），中型または小型で移動に水分を必要とする動物（湿生動物：センチュウ・ヒメミミズ・クマムシ・ソコミジンコなど）の採集には湿式抽出法（ベールマン法，オコナー法）が主に用いられる．土壌動物の大きさによる区分と採集方法との関係を表1-1に示したが，動物の分類体系とはまったく関係がない「乾性動物」「湿性動物」という抽出方法の違いに基づいた類別が存在することは，土壌動物の特徴である．それぞれの採集法の詳細について次項以下で述べる．

1-2 土壌動物の範囲と種類

表 1-1 土壌動物の大きさに基づく類別と調査手法に基づく類別の比較

抽出法	抽出方法による類別	大きさによる類別
乾式抽出法 （ツルグレン法など）	乾性動物	中型土壌動物（0.2 〜 2 mm） 　ダニ類，トビムシ類，コムカデ，コムシなど 大型土壌動物（2 mm 〜 2 cm） 　甲虫類，ミミズ，クモ，ワラジムシ，ムカデ， 　ヤスデなど
湿式抽出法 （ベールマン法，オコナー法 など）	湿性動物	小型土壌動物（0.2 mm 以下） 　線虫，ヒメミミズ，クマムシ，ソコミジンコなど
ハンドソーティング法		大型土壌動物
培養法・直接検鏡法		小型土壌動物（原生生物，ワムシ）
トラップ法（酵母などを餌に使う）		中型土壌動物（ダニ類）
篩（ふるい）による選別法		小型・中型土壌動物

1-2-3　土壌動物の採集法

(a) 土壌試料の採集・保存・運搬移動

　土壌試料そのもののサンプリング方法としては，通常，採土管等によって採集されることが多い．しかし，中型土壌動物の多様性を調査するためには，青木（1978）によって提案された「拾い取り法」が適している場合がある．拾い取り法とは，その環境で採集できるあらゆる微小生息環境（マイクロハビタット）を，試料として可能な限り採集しようという方法である．つまり，その環境の空間内のマイクロハビタットの多様性も同時に表すことになる．

　大型土壌動物については現場で直接採集する方法（ハンドソーティング法）もおこなわれるが，一般に微小な土壌動物を採集するためには，土壌試料として土壌および土壌に堆積した有機物をそのまま研究室などに持ち帰り，土壌動物抽出装置に投入する必要がある．

　その際，土壌試料を入れる袋とその保存および運搬移動には，細心の注意を要する．多くの土壌動物の抽出方法は，土壌動物が自力で下方に移動して瓶に落ちる（入る）ことを前提としている．したがって，土壌動物を無事に生きたまま抽出装置まで持ち帰らねばならない．

　袋については，紙袋をおすすめする．ポリエチレンなどの袋を使用した場合，土壌動物学者によっては「蒸れる」と表現することがあるが，ポリ袋の内側に水滴がつき，土壌動物が死亡している現象が起きることがある．この原因は，土壌微生物の呼吸ではないかと考えられる．土壌に生息している生物で湿重量が最も多いものはバクテリアで，次がカビだといわれている．このバクテリアやカビも呼吸をしているが，ポリ袋で口を閉じ，かつ温度が適度に高いと呼吸量も増加して，内部の酸素が欠乏し，土壌動物が死亡すると考えられる．

　次に，運搬の注意点であるが，土壌試料を持ち帰る場合，夏は特に車のトランクに置くことは避けるべきである．トランク内は非常に温度が上がり，土壌動物が死滅する原因になる．また，冬でもトランクや車の床は，車からの温度が伝わり意外に温度が上昇するので注意されたい．逆に宅配便などで冷蔵を選択すると，土壌性のヨコエビなどは明らかに死滅するので，低

3

温にも注意が必要である．土壌試料の運搬に，釣り用のクーラーや発泡スチロールを使用する場合でも，凍らせた冷却剤を直接土壌試料に触れさせることは避けた方がよいだろう．

雨の日のサンプリングの場合には，紙袋に土壌試料を入れ，さらに古新聞などでくるむなどして，土壌が粘土状になって土壌動物が死滅することなどを予防したい．

(b) ハンドソーティング法

土壌動物，特に目視できる大型土壌動物（大型ミミズ，クモ，ワラジムシ，ムカデ，ヤスデなど）の採集では，ハンドソーティング法が一般的である．つまり，実際に地面の朽ち木を起こしたり，落ち葉をめくったり，シートの上に広げるなどして，直接肉眼で見つけ，ピンセットや吸虫管（4章参照）などで採集する方法である．

(c) ツルグレン法

乾式抽出法にもさまざまなものがあるが，ここでは最も一般的であるツルグレン法について紹介したい．

ダニやトビムシなどの微小な動物が通り抜けできるメッシュの篩（ふるい）の上に採取した土壌を置き，上から光を当て（主に乾燥で）下に追い出し採集する方法である．中型土壌動物を抽出するために最も一般的に使用されている方法で，その装置をツルグレン装置（Tullgren funnel, Tullgren apparatus）とよんでいる（アイ・フィールド i-field.jp/tullgren/ などで購入可能）．

装置は図1-1に示したように，金網を底に張った円筒の容器を固定したロートの上にのせた部分と，動物を追い出すための熱源（ランプ）とからできている．ロート上に落ちた動物は，ロートの口に80%アルコール（エタノール）入りの瓶を設置し，その中に集める．アルコールは蒸発しやすいので，少なくなったら随時追加する．土塊は軽くほぐし，土壌試料が網の上に均質に広がるようにする．メッシュを通り抜けられないようなミミズやワラジムシなどの大型の動物が混入していると，抽出中に多くの土を落下させてしまうので，装置に設置する前にピンセットなどでアルコール瓶に入れておくとよい．抽出時間は48〜72時間である．生きたままの動物を回収したいときには，回収瓶を水を満たしたシャーレまたは濡らしたろ紙を敷いたシャーレに代える．しかし，長時間おくと溺れ死んだり逃げ出したりするので，回収はこまめにおこなう必要がある．また，動物の逃亡を防ぐためには，80%アルコールを入れた大型のシャーレの中に採集用のシャーレを置くとよい．

ツルグレン装置による抽出にあたり，特にトビムシの扱いについては注意する必要がある．トビムシの体表を覆うワックスが水をはじくため，その一部は受け瓶の液面に浮き，標本操作の際に瓶やピペットの管壁に付着して作業に支障をきたすことがある．このためツルグレン装置によるトビムシの抽出では，イソプロピルア

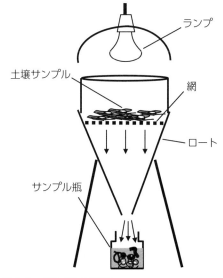

図1-1 ツルグレン装置

ルコール（2-プロパノール）を受け瓶に入れる．トビムシ表面のワックスはこの液体をはじかず，トビムシは瓶の底に沈殿する．その後，標本の実体顕微鏡下でのソーティングの前に，上清を80％エタノールと置換する．一方，抽出に80％エタノールを用い，抽出後に瓶ごと加熱して，トビムシ表面のワックスを溶かすことによって液中に沈殿させる，という方法もおこなわれる．また，トビムシを落下させた瓶をそのまま蓋をして激しく振るという方法もあるが，いずれにしても，標本が壊れやすいという指摘もあるので，注意が必要である．

　熱源としては，40 W程度の電球が一般的に使用されている．この装置を使用するときには，供試試料の上に穴あきトタンをかぶせることがあり，熱により試料が燃え出す可能性が捨て切れないので注意を要する．電球はある程度使用すると熱によって切れるので，速やかに交換する．また，熱源として電球の代わりに電熱線を使用している装置もあるが，サーモスタットで温度を一定以下に設定するのも安全である．

　装置の大きさは，定量調査に用いられる100 ccの試料を処理するときには直径が10 cm程度の小型のものでよい．塩化ビニールのパイプを輪切りにし，底に網を張り，ロートの上にのせればできあがりである．定性用には直径が30 cm以上の大きいものが望ましく，ブリキまたはステンレスで作られている篩を用いる．ガラスのロートを用いると内面に結露することがあり，また塩化ビニールのロートを用いると静電気によって動物がうまく抽出されないことがある．装置は市販されているものもあるが，簡単な装置なので手作りのものでも十分である．大きさは特に限定する必要はなく，自作するのであればその目的に合わせて大きさを決めればよい．ちなみに，著者はこの中間的な大きさである直径20 cmほどの中型のものを使用している．なお，使用する前に，1日ごとに瓶を取り替え，何日くらいで抽出が完了するか調べておくことが望ましい．

　網の目の大きさは，2〜4 mm程度のものが多く使われている．網の目が大きいほど多くの土が落下し，その後の処理に時間を労するものの，大型土壌動物には網の目を大きくする必要がある．また，網の代わりに2〜4 mmの孔を多数開けたブリキ板を，孔が重ならないように空間を開け重ねた2重多孔板も考案されている（青木，1984）．

　また，ツルグレン装置の改良型として，マクファーデン抽出装置（MacFadyen high gradient apparatas）がある．装置の下層を水槽にして水で冷却することにより，装置内の温度勾配を大きくし，動物の移動を促進するもので，マクファーデン法（MacFadyen method）とよばれている．マクファーデン法は，一般のツルグレン装置に比較して，加熱温度が穏やかであり，土壌試料中の土壌動物が試料から抽出される前に死亡したりすることを防ぐことができる（MacFadyen，1961）．また，土壌構造を非破壊で抽出するため，むしろ抽出効率が良いといわれている（長谷川，2007）．

(d) ベールマン法

　線虫やクマムシをはじめとした多くの湿性土壌動物に最も広く用いられている方法が，ベールマン装置（Baermenn apparatus）（図1-2）を用いるベールマン法である．その原理はツルグレン装置と一見似ているが，乾燥や光を避けるために下に集まるのではなく，サンプル内の湿性動物はロート（funnel）内の水中に泳ぎ出てゴム管の底に徐々に沈下する．サンプルを薄

くのばして（ほぐして）抽出した方が抽出効率は上がる．ベールマン法による抽出の手順は，以下のとおりである．
(1) メッシュ（小さな篩）の中に土壌試料を入れる．鉄製メッシュは錆が出るのですすめられない．(2) ピンチコックを閉じ，必ず水を注入し漏れがないことを確認してから土壌サンプルをのせる（土壌が落下するため）．(3) 1～3日間放置後，ゴム管上部に別のピンチコックを取り付けて締める．(4) 下部のピンチコックを開放し，サンプル瓶などに抽出物を流下させる．メッシュおよびピンチコックには，それぞれの研究者に工夫があり，例えば線虫は小さなメッシュでも通り抜けるので線虫のみの抽出にはガーゼやキムワイプ（日本製紙クレシア）がよく使用され，クマムシやコペポーダ（ソコミジンコ目 Harpacticoida）も含めた土壌湿性動物全体の群集調査では孔径0.5 mm程度のステンレスあるいはポリエチレン製

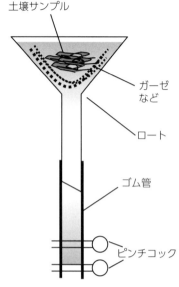

図 1-2　ベールマン装置

メッシュがそのまま使用される．ピンチコックはバネ式とネジ式があるが，プラスチックのネジ式が最も良いように感じる．金属のネジ式は操作が不便ですすめられない．チューブはシリコンチューブでは硬く，ピンチコックで止める際に失敗しやすいので，劣化はしやすいが黒くないゴムチューブがよい．ロートはガラスの方が傷つきにくく抽出にはよい．注意すべき点は，本法は泳ぎ出しによる落下などで抽出されるため扱いは簡便であるが，活動性の少ない種もあるため，すべての個体や種が回収できるわけではないという点である．万能ではないという認識のもと，篩別法（洗い出し）との併用を考えることも必要である．

(e) オコナー法

ベールマン装置の上方に，ツルグレン装置のように電灯を取り付けたものが，ヒメミミズ類の抽出に有効であるオコナー装置（O'Conner apparatus）である．ヒメミミズ類の温度に対する忌避行動（repugnational behavior）は微妙な条件に左右されること，また，抽出された動物試料は高温ではすぐに腐敗することから，試料の温度調節をする必要がある．オコナー装置の電球のロートからの高さは，通電してから3時間後に水面上部の温度が42～43℃になるよう調整し，抽出は6時間がよいとされている（中村，1997；中村私信）．抽出物はアルコールではなく水に入れるのが好ましく，冷却すると動きが鈍くなり観察が容易になる．試料採取は雨天中や雨天後2日間は避ける．現地からの輸送は振動を避け，冷温状態で行い容器から試料を取り出す時も圧迫しないなどの配慮が必要である．ベールマン法と同様にロートに水を入れてから試料を入れること．試料の保存は4℃でも2日が限度であり，60％エタノール水溶液またはブアン液（Bouin's solution；ホルマリン（37％）25 ml，ピクリン酸飽和液 75 mlおよび氷酢酸 5 ml）により固定できるが，標本の状態が悪くなるので観察は極端に難しくなる．

(f) 大型土壌動物の採集方法

ここではテーブルクロスを使用する方法を説明する．ほかにも樹上に生息する種などは掃除

機で樹幹を吸ったり，枝葉を採取し洗い出しを行ったりするなどの工夫された方法があるが，誌面の都合で割愛する．

土壌試料を研究室まで持ち帰る場合には，前述の理由から紙袋を用いるか，それでなければ，ポリ袋の口をガス交換ができるように緩く締める．

テーブルクロスは，最も安いビニール製のものでよい．机の上などに広げて，篩に，必ず少しずつ（多くすると土壌動物が見つけられない）土壌試料をのせてふるうと落ちてくるので，それをピンセットや吸虫管（第4章参照）で採集する．筆者は，小さめのペットボトルの底の部分を切り出し，その中にアルコールを入れた瓶を入れて，そばに置いておく．アルコールの入った瓶を直接置くと転倒することがよくある．ピンセットでアルコールの入った瓶の中に土壌動物を入れる．

（g）土壌動物の同定方法

抽出した土壌動物を同定するには，ガムクロラールなどでプレパラートに封入する．詳細については，青木（2005）および島野（2007）を参照されたい．

1-3　土壌動物学

土壌動物（soil animals）を研究する学問のことを，土壌動物学（Soil zoology）とよぶ．昆虫だけではなく，クモ，ダニ，サソリなども含むので，土壌に生息するムシは，土壌節足動物（soil arthropods）とよび，節足動物以外の動物も含んで土壌動物という．

土壌動物学では，土壌動物を研究する意義も4つほどに分けられる．①土壌動物そのものの基礎的な研究．新種の記載や生物多様性，あるいは，生物地理学的な研究など，②生態系生態学とよばれる，生態系内での物質循環そのものに土壌動物がどのように貢献しているかという研究，③農学・林学などでは，生産や管理にどのように土壌動物が貢献しているかという研究，④環境指標に土壌動物を利用しようという研究，などである．

1-3-1　土壌動物の働き

土壌動物は，生態系の物質循環などに貢献しており，土壌動物学によって解明されてきた．

（a）植物遺体を分解する

植物遺体，つまり落葉落枝を物理的に分解することが土壌動物の役割（物理的分解）であり，そのままでは微生物が利用しにくいクチクラで表面が覆われた落葉などを細分化して表面積を広げ，カビやバクテリアが無機化しやすくする．このように土壌微生物（狭義の分解者）による化学的分解（無機化）を助けるので，腐食性の土壌動物は，広義の分解者とよばれている．金子（2007）は，なかでも土壌節足動物のうち，植物遺体とそこに生息する微生物を合わせて食べるものも含めて「落葉変換者」とよんでいる．古くなったカビの菌糸が食べられることによって，相対的に分解の速度も増すともいわれている．

ササラダニ類は，物理的分解を行う代表的な土壌節足動物である．日本の森林では（環境にもよるものの）林床1 m²あたり2万～10万頭もの個体が生息しており，種数も約30～50種（青木，1978），世界では100～150種に達するという（Norton and Behan-Pelletier, 2009）．これらのササラダニ類が，物理的分解をとおして森林の生態系を支えている．

(b) 土壌を耕す

ミミズ，アリ，モグラなどは土を上下左右に掘り進みながら，餌を食べたり，巣を作ったりしているが，このときに，土壌の深部に近い土を表層に移動させ，表層に近い土を深部に移動させる．このことによって，地表の有機物を多く含む土壌と深部の無機物を多く含む土壌とを攪拌している．日本では1年間に1 haあたり300 tの土壌を，さらに熱帯では3000 tもの土壌を移動するといわれている．主にミミズが大きな働きをしているが，そのような土壌動物は，生態系改変者（金子，2007）とよばれている．

(c) 土壌に団粒構造，間隙をつくる

ミミズの糞など，土壌動物の排出物や分泌物に含まれる多糖類が，土壌団粒とよばれる有機物と鉱物が混ざった塊を作るといわれている．この団粒構造は，土壌中に水分や気体を保つことに役立っていると考えられている．

また，ミミズが掘った坑道などにより，土壌中にトンネル状の間隙を作り出すことが知られている．植物の根が掘り進む根穴などとあわせて，このような間隙は，他の土壌動物や微生物の生息場所となり，また，新たに植物が根を伸張するときに利用したりされるようである．これらの間隙はまた，降水後などの水分を土壌が保持するために役立っているとも考えられている．

(d) 持続可能な農業への貢献

1940～1960年代にかけて，高収量の新品種の導入や化学肥料・農薬・農業機械などの普及により，世界的に農業の生産性が著しく向上したことを「緑の革命」とよぶ．「緑の革命」は，世界の食糧増産に大きく貢献したが，一方でそれに伴う負の側面があることも指摘されてきた．農地に外部で作られた資材（化学肥料や農薬など）や農業機械などでエネルギー（化石燃料など）を大量に投入することで高い生産性を実現したが，これは，農地周辺で本来保たれてきた物質（エネルギー）循環の輪を断ち切り，生態系を劣化させ，土地を荒廃させることになる．近年では，農地そのものがもともと備えている生物多様性を維持し，その働きを利用することで持続的生産をおこなうという新しい農業のあり方が提起され，その土台となる土壌動物や土壌微生物が注目されている．

1-4 環境指標と土壌動物

土壌動物には，わずかな環境変化にも耐えられず姿を消す動物群（弱い動物群）から，人為的干渉や環境変化にも耐えて生き残る生物群（強い生物群）まで，さまざまな段階のものが存在する．弱い生物群が多種生き残っているようなところは，自然が豊か（人為的干渉が少な

い）と考えられる．一方，強い動物群ばかりが生き残っているようなところは，自然が豊かではない（人為的干渉が大きい）といえるだろう．このような観点から，主な土壌動物の各生物群に「強さ」「弱さ」によって点数を与えておき，出現した動物の評点を総合して環境評価（生物指標）を試みようというアイデアが生まれた（青木，1995）．この土壌動物を用いた環境診断の具体的な方法については，本書の第4章で紹介しているのでぜひ参考にしていただきたい．

　一般的に環境アセスメントとして環境評価に取り上げられるのは，哺乳類，鳥類，爬虫類，両生類，魚類，昆虫類，そして植物である．取り上げられる動物はすべて生態系の役割でいえば「消費者」であり，植物は「生産者」である．一方，広い意味で土壌動物は「分解者」であり，土壌動物を評価に加えて初めて，生態系の全体的な把握が可能となると考えられる．

　環境指標生物としての土壌動物には以下のような利点がある（青木，1995）．

①どこにでもいる．生物指標として用いようとする生物群がわずかな環境の変化で容易に消え去ってしまっては，幅広い環境指標とはならない．この点，土壌動物は，自然林から都市植栽まで土壌があれば幅広く生息し，環境の変化に弱い動物群から，強い動物群までを用いることができる．

②種数と個体数が多い．前述したようにササラダニ類では，$1\,m^2$の土壌に2万～10万頭もの個体が生息しており，種数も約30～50種に及ぶ．貴重な動物を調査のために採集したり，環境を破壊したりする必要もない．

③環境変化に対して敏感である．土壌動物は土壌の深部ではなく表層の有機物の多い部分に生息している．このため，環境の変化に弱い動物群から強い動物群までが，環境の変化にさまざまに反応し群集が変化する．

④調査時期を選ばない．一年のうちの特定の時期に出現したり，朝夕，天候に左右されたりせず，土壌動物は土壌があればいつでも採集できる．

⑤移動分散力が大きい．小さな土壌動物が自力で移動できる距離はごく少ないが，火山が噴火して生物がまったくいなくなった島にも，いつの間にか土壌動物が戻ってくる．風に飛ばされたり，水に流されたり，鳥や動物に付着したりするようで，海峡や大きな河川，山脈などもあまり問題になることがなく，それらが障壁となることはまずない．したがって，その種にとって好適な環境にはほぼ，対応する分類群が生息することになる．このことは，生物指標の条件としては重要である．

⑥競争が少ない．当然，生物間の種間競争などはあるのかもしれないが，土壌という環境で，特定の分類群同士の干渉はほとんど見られず，特定の生物群がいることによって特定の生物群がいなくなるなどの，大型の脊椎動物にみられるような競争関係は，分類群同士にはみられない．むしろ，土壌動物にとっては，おかれた土壌環境にいかに適応するかということの方が重要なようである．種と環境との対応関係がより重要という性質は，生物指標には好ましい．

　このように環境指標生物としてさまざまな利点のある土壌動物であるが，環境指標として用いるにあたっては以下のような難点もある．

①特別な器具が必要．土壌動物を得るためには，土壌を採取してこなければならない．また，その後の土壌動物の抽出のために，ツルグレン装置を用いることもある．同定には顕微鏡が必要になることもある．

②同定作業がやや難しい．土壌動物にはなじみの薄い多くの動物が含まれているので，最初はやや大変であろう．しかし，海産の無脊椎動物はさらに多様な分類群を含んでおり，その多様性は土壌動物に圧倒的にまさるが，学生実習などに多く使われている．また，水生昆虫についてかなり詳しい同定が行われ，それによって河川の汚染の調査が行われている．恐れることはないのである．同定を楽に，楽しくするために本書があるからだ．

土壌動物を観察すると，太古に陸上に進出して以来，現世で生き残っている原始的な生物群をほぼ見ることができる．つまり，進化の歴史もあわせて見ることができるのである．

それでは，いよいよ土壌動物の多様で美しい世界へ誘うことにしよう．

〔島野智之・前原　忠〕

第2章　分類群

第2章　分類群

　ここでは今まで撮影してきた土壌動物を写真で紹介したい．本書では図鑑的な情報は掲載せず，実際に探すときの手がかりになるであろう撮影した際の細かな情報を掲載することにした．また，分布情報についても，あくまで実際に撮影した場所を掲載するにとどめている．

　種名・分類に関しては『日本産土壌動物 第二版』（青木編，2015）に基づき，近年の知見を適宜補っている．撮影機材は吉田，塚本でそれぞれ被写体のサイズなどで細かくレンズを使い分けているので，以下のように整理したものを掲載した．　　　　　　〔吉田　譲・塚本勝也〕

吉田撮影機材

Y-1	ボディ：Olympus E-30　レンズ：ZUIKODIGITAL 35mm Macro
Y-2	ボディ：Olympus E-30　レンズ：2×テレコンバーター EC-20+ZUIKODIGITAL 35mm Macro F3.5
Y-3	ボディ：Canon 70D　レンズ：EF-S10-18mmF4.5-5.6
Y-4	ボディ：Canon 70D　レンズ：エクステンダー EF2×Ⅲ＋エクステンションチューブ +EF-S 60mm F2.8 マクロ USM
Y-5	ボディ：Canon 70D　レンズ：エクステンダー EF2×Ⅲ＋エクステンションチューブ +EF-S 60mm F2.8 マクロ USM+レイノックス MSN-202 スーパーマクロレンズ
Y-6	ボディ：Canon 70D　レンズ：Laowa 60mm Ultra Macro
Y-7	ボディ：Canon 70D　レンズ：エクステンションチューブ +Laowa 60mm Ultra Macro
Y-8	ボディ：Canon 70D　レンズ：Laowa 25mm Ultra Macro
Y-9	ボディ：Canon 70D　レンズ：エクステンションチューブ +Laowa 25mm Ultra Macro
Y-10	ボディ：Canon 70D　レンズ：テレコンバーター（テレプラス HD 2X DGX）＋エクステンションチューブ　+Laowa 25mm Ultra Macro

塚本撮影機材

T-1	ボディ：Pentax K-5 IIs　レンズ：接写リング+El-Nikkor 50mm F4N
T-2	ボディ：Pentax K-x　レンズ：接写リング+El-Nikkor 50mm F4N
T-3	ボディ：Pentax K-5 IIs　レンズ：接写リング+Luminar 16mm F2.5
T-4	ボディ：Pentax K-5 IIs　レンズ：接写リング+Luminar 25mm F3.5
T-5	ボディ：Pentax K-5 IIs　レンズ：接写リング+Macrophoto Lens 20mm F3.5
T-6	ボディ：Pentax K-x　レンズ：接写リング+Macrophoto Lens 20mm F3.5
T-7	ボディ：Pentax K-x　レンズ：T ELEPLUS MC7 2x＋接写リング+Macrophoto Lens 20mm F3.5
T-8	ボディ：Pentax K-5 IIs　レンズ：接写リング+Mikroplanar 40mm F4.5
T-9	ボディ：Pentax K-5 IIs　レンズ：接写リング+Mikrotar 30mm F4.5
T-10	ボディ：Pentax K-5 IIs　レンズ：接写リング+Photar 25mm F2.5
T-11	ボディ：Pentax K-5 IIs　レンズ：TELEP LUS M C 7 2x＋接写リング+Photar 25mm F2.5
T-12	ボディ：Pentax K-x　レンズ：接写リング+Photar 25mm F2.5
T-13	ボディ：Pentax K-5 IIs　レンズ：接写リング+Sigm a 50mm MACRO F2.8
T-14	ボディ：Pentax K-5 IIs　レンズ：smc PENTAX-DFA 50mm MACRO F2.8
T-15	ボディ：Pentax K-5 IIs　レンズ：接写リング+smc P NTAX-D FAMACRO 50mm F2.8
T-16	ボディ：Pentax K-5 IIs　レンズ：接写リング+SMC -M28mm F2.8
T-17	ボディ：Pentax K-x　レンズ：接写リング+SMC -M 28mm F2.8
T-18	ボディ：Pentax K-5 IIs　レンズ：接写リング+Zuiko Macro 20mm F3.5
T-19	ボディ：Pentax K-x　レンズ：接写リング+Zuiko Macro 20mm F3.5
T-20	ボディ：Pentax K-x　レンズ：T ELEPLU SMC7 2x＋接写リング+Zuiko Macro 20mm F3.5
T-21	ボディ：Pentax K-x　レンズ：smc PENTAX-DA 18-55mm F3.5-5.6AL
T-22	ボディ：Pentax K-x　レンズ：smc PENTAX-M 28mm F2.8
T-23	ボディ：Pentax K-x　レンズ：接写リング+smc P ENTAX -M 28mm F2.8
T-24	ボディ：Pentax K-x　レンズ：smc PENTAX-M Macro 100mm F4
T-25	ボディ：Pentax K-x　レンズ：接写リング+smc PENTAX-M Macro 100mm F4
T-26	ボディ：Pentax K-5Ⅱs　レンズ：接写リング+Macro Nikkor 19mm F2.8

ウズムシ目

| 脚はない | 体は扁平で長い | 動きは遅い |

和名 リクウズムシ科の一種　**学名** Geoplanidae sp.　**体長** 20 mm弱
撮影地 東京都青梅市　**環境** 落葉広葉樹林　**微環境** 植物体上　**撮影日** 2011年6月26日
コメント コハナグモを捕食中．
📷 Y-2

　扁形動物門に所属する．再生能力が高いことで有名なプラナリアはこの仲間である．
　ウズムシ（渦虫）は，系統的には"まとまった群"ではないことが判明しているので，綱のような分類階級ではなく「ウズムシ類」のように通称名で示すことが望ましい．ウズムシ目（三岐腸目）Tricladidaは，『日本産土壌動物 第二版』においてはサンキチョウウズムシ目Tricladida と表記されているが，同じ分類単位をさしている．ここには水棲種も含まれており，本書で取り扱っている陸生三岐腸類あるいは陸生プラナリア（land planarians）は，リクウズムシ科Geoplanidaeに所属しているものをさす．見た目は環形動物のヒル綱（p.24）に似ているが体節が見られないことから，慣れると容易に区別できる．頭部が扇形のコウガイビルはヒルという名前が付いているが陸生のプラナリアで，「コウガイ」は「公害」ではなく「笄」という女性が日本髪を留めるのに用いる道具にちなんでいる（頭部形状が似ている）．体長5 cm以下の小さなものから，1 mに達するオオミスジコウガイビル（外来種）などの種がみられる．外見からおおまかな同定は可能であるが，厳密な種同定を行うには解剖学的手法を用いて生殖器官を観察する必要がある．カタツムリやミミズなどを捕食する肉食性である．

リクウズムシ科　Geoplanidae

- 和名 リクウズムシ科の一種
- 学名 Geoplanidae sp.
- 体長 15 mm
- 撮影地 東京都あきる野市
- 環境 スギ植林
- 微環境 落葉上
- 撮影日 2016年11月5日
- コメント コウガイビル亜科 (Bipaliinae)
- 📷 Y-4

- 和名 リクウズムシ科の一種
- 学名 Geoplanidae sp.
- 体長 40 mm強
- 撮影地 和歌山県西牟婁郡
- 環境 落葉広葉樹林
- 微環境 朽木表面
- 撮影日 2017年12月31日
- 📷 Y-6

- 和名 リクウズムシ科の一種
- 学名 Geoplanidae sp.
- 体長 約40 mm
- 撮影地 東京都板橋区
- 環境 落葉広葉樹林
- 微環境 石下
- 撮影日 2015年9月22日
- 📷 T-1

マキガイ綱（腹足綱）　脚がない　硬い殻を持つ　動きは遅い

和名 ヒダリマキゴマガイ（ゴマガイ科）　**学名** *Diplommatina paucicostata*
体長 約2 mm　**撮影地** 東京都板橋区　**環境** 落葉広葉樹林　**微環境** 石下
撮影日 2014年9月26日
📷 T-19

　　　　軟体動物門マキガイ綱（腹足綱, Gastrododa）に属する．
　　　カタツムリと呼ばれる貝殻を背中に背負った軟体動物とナメクジと呼ばれる貝殻を背負わない軟体動物（ナメクジでも甲羅を持つものがまれにある）．腹を地面に這いずって移動することから腹足類と言われる．貝殻の大きさが2 mm程度の小さなものから，数cmの大きなものまで大小さまざまある．貝殻の形や大きさが種によって異なり，種同定に必要なキーとなる．口には歯舌という歯を持ち，食物を削り取るように食べる．

原始紐舌目ゴマガイ科　Diplommatinidae

- **和名** ゴマガイ属の一種
- **学名** *Diplommatina (Diplommatina)* sp.
- **体長** 約2.5 mm
- **撮影地** 茨城県桜川市
- **環境** 落葉広葉樹林
- **微環境** 落葉下
- **撮影日** 2015年4月18日
- 📷 T-12

基眼目オカミミガイ科　Ellobiidae

- **和名** ケシガイ属の一種
- **学名** *Carychium* sp.
- **体長** 約1.3 mm
- **撮影地** 東京都板橋区
- **環境** 落葉広葉樹林
- **微環境** 落葉下
- **撮影日** 2015年5月18日
- 📷 T-6

柄眼目オカクチキレガイ科　Subulinidae

- **和名** オカチョウジガイ属の一種
- **学名** *Allopeas* sp.
- **体長** 約5.0 mm
- **撮影地** 東京都板橋区
- **環境** 落葉広葉樹林
- **微環境** 落葉下，石下
- **撮影日** 2014年7月16日
- 📷 T-2

ナタネガイ科　Punctidae

- 和名　ミジンナタネ
- 学名　*Punctum atomus*
- 体長　約 1 mm
- 撮影地　茨城県久慈郡大子町
- 環境　落葉広葉樹林
- 微環境　落葉下
- 撮影日　2014年12月22日
- T-19

パツラマイマイ科　Discidae

- 和名　パツラマイマイ（幼貝）
- 学名　*Discus pauper*
- 体長　約 1.4 mm
- 撮影地　東京都板橋区
- 環境　落葉広葉樹林
- 微環境　落葉下
- 撮影日　2015年9月6日
- T-6

- 和名　パツラマイマイ
- 学名　*Discus pauper*
- 体長　約 5 mm
- 撮影地　東京都板橋区
- 環境　落葉広葉樹林
- 微環境　落葉下
- 撮影日　2014年5月7日
- T-24

第2章　分類群

オナジマイマイ科　Bradybaenidae

- 和名 オオベソマイマイ属の一種
- 学名 *Aegista* sp.
- 体長 約10 mm
- 撮影地 東京都板橋区
- 環境 落葉広葉樹林
- 微環境 石下
- 撮影日 2014年5月7日
- T-24

ベッコウマイマイ科　Helicarinidae

- 和名 カサキビ属の一種
- 学名 *Trochochlamys* sp.
- 体長 約6 mm
- 撮影地 栃木県那須郡湯本
- 環境 落葉広葉樹林
- 微環境 落葉下
- 撮影日 2014年10月22日
- T-2

- 和名 ヒメベッコウガイ
- 学名 *Discoconulus sinapidium*
- 体長 約1.5 mm
- 撮影地 東京都板橋区
- 環境 落葉広葉樹林
- 微環境 朽木下
- 撮影日 2014年3月15日
- T-17

マキガイ綱（腹足綱）

和名	キビガイ
学名	*Gastrodontella stenogyra*
体長	約 2 mm
撮影地	東京都板橋区
環境	落葉広葉樹林
微環境	朽木下
撮影日	2014年5月27日

📷 T-17

和名	ニッコウヒラベッコウの類似種
学名	*Bekkochlamys* cf. *nikkoensis*
体長	約 10 mm
撮影地	茨城県東茨城郡城里町
環境	落葉広葉樹林
微環境	朽木下
撮影日	2018年1月22日

📷 T-15

シタラ科　Euconulidae

和名	コシダカシタラ
学名	*Sitalina circumcincta*
体長	約 2.5 mm
撮影地	茨城県石岡市
環境	落葉広葉樹林
微環境	落葉下
撮影日	2016年6月28日

📷 T-5

ミミズ類（ナガミミズ目）

脚はない　　体は細長く体節が明瞭　　体長2cm以上

和名 アオキミミズ（フトミミズ科）　**学名** *Pheretima aoki*　**体長** 80 mm
撮影地 埼玉県飯能市　**環境** 落葉広葉樹林　**微環境** 地表面　**撮影日** 2018年8月24日
📷 T-14

　　　　　　　環形動物門ミミズ綱ナガミミズ目（Haplotaxida）に属する．
　体節数20，体長2 cm以上の細長い紐状の体型である．周囲より少し大きく膨らむ環帯と呼ばれる器官のある方が頭部であり，背中とお腹の区別もある．体表には短い剛毛が並列しており，触るとザラザラした感触が感じられる．雌雄同体であり，繁殖する際にはペアとなってお互いの精子を交換し自分の卵子と受精させる必要があるが，一部の種では単為生殖が行われている．腐った落ち葉などを土壌と共に口から取り込んで有機物を体内で消化し排泄する．土壌動物の中では体も大きく，土壌の摂食排泄による土壌の耕転作用はきわめて大きい．進化論で有名なダーウィンもミミズに興味を持ち，40年以上もミミズを調べてミミズの耕転機能を解明している．ミミズの坑道を通じて空気が土壌中に広く拡散する点も他の微小な生物にとって大変重要である．また，排泄されたものが団粒状となり，土壌の団粒構造形成に果たす役割も大きい．

ミミズ類（ナガミミズ目）

フトミミズ科　Megascolecidae

- 和名　ヒトツモンミミズ
- 学名　*Pheretima hilgndorfi*
- 体長　100 mm強
- 撮影地　埼玉県飯能市
- 環境　落葉広葉樹林
- 微環境　落葉下
- 撮影日　2018年8月24日
- T-14

- 和名　フキソクミミズ
- 学名　*Amynthas tokioensis*
- 体長　110 mm
- 撮影地　埼玉県飯能市
- 環境　落葉広葉樹林
- 微環境　落葉下
- 撮影日　2018年8月24日
- T-14

- 和名　フトスジミミズ
- 学名　*Amynthas vittatus*
- 体長　約120 mm
- 環境　埼玉県飯能市
- 環境　落葉広葉樹林
- 微環境　落葉下
- 撮影日　2018年8月24日
- T-14

和名	ハタケミミズ
学名	*Metaphire agrestis*
体長	約100 mm
撮影地	埼玉県飯能市
環境	落葉広葉樹林
微環境	落葉下
撮影日	2018年8月24日

T-14

ツリミミズ科　Lumbricidae

和名	ツリミミズ科の一種
学名	Lumbricidae sp.
体長	約140 mm
撮影地	埼玉県飯能市
環境	落葉広葉樹林
微環境	落葉下
撮影日	2018年8月24日

T-14

ヒメミミズ科

| 脚はない | 体は細長く体節は不明瞭 | 体長2 cm以下 |

和名 ヒメミミズ科の一種　**学名** Enchytraeidae sp.　**体長** 約10 mm
撮影地 東京都あきる野市　**環境** 落葉広葉樹林　**微環境** 石下　**撮影日** 2017年12月24日
Y-9

　環形動物門ミミズ綱イトミミズ目に属する．
　体長2 cm以下で乳白色から半透明である．ヒメミミズ科の学名Enchytraeidaeから「エンキ」という通称でも呼ばれることがある．体節は不鮮明である．各体節には剛毛があり，その形状で一部の種を見分けることができる．土壌中に含まれるヒメミミズの個体数は程度の差はあるがかなり多く，土壌中での作用も大きいと考えられるが，日本では分類学的にも研究例が非常に少なく未解明なことが多い．

第2章 分類群

ヒル綱

| 脚はない | 体は扁平で長い | 多数の体節が見える |

和名 ヤマビル（ヤマビル科）　**学名** *Haemadipsa japonica* (Haemadipsidae)
体長 約30 mm　**撮影地** 千葉県鴨川市　**環境** 常緑広葉樹林　**微環境** 地表面
撮影日 2017年6月4日　**コメント** 撮影協力者が息を吹きかけたことによって吸血相手を探して這いまわる．
📷 Y-7

　環形動物門ヒル綱（Hirudinea）に属する．

　環形動物の仲間で，体が体節に分かれ，頭部付近に環帯をもつなど，ミミズと同様の特徴を持つ．ヒルと名がつく前述のコウガイビルの仲間とは全く異なるグループの生物である．本州秋田県以南に広く分布し，人にも取りつき吸血することで知られるヤマビルはこのグループの1種である．体の先端と後端に吸盤を持ち，尺取虫運動をしながら目標に近付き取り付いて，表皮に傷をつけ流れ出てくる血液を吸い取る．そのためにヒルの唾液には血液を凝固させないヒルジンという化学物質が含まれているので，ヒルに吸血された傷口は血液が凝固しにくい．一方，ヒルの仲間には吸血しないグループもいる．このグループにはミミズなどを捕食するクガビルの仲間がいる．

クガビル科　Gastrostomobdellidae

和名	ヤツワクガビル
学名	*Orobdella octonaria*
体長	約220 mm
撮影地	山梨県北都留郡
環境	落葉広葉樹林
微環境	地表面
撮影日	2012年8月12日
コメント	雨上がりの夜の山中でミミズを捕食しているところ

Y-1

和名	ヨツワクガビル
学名	*Orobdella whitmani*
体長	約80 mm
撮影地	岐阜県中津川市
環境	落葉広葉樹林
微環境	石下
撮影日	2018年9月22日

Y-6

■コラム

ミミズの丸のみ

　ヤツワクガビルは，体を伸ばすと30 cmを超えることもある巨大なクガビルで，小さなミミズならスパゲッティをすするように一瞬で飲み込んでしまう（左写真）．ただし，大きなミミズを体の真ん中から飲み込むときはひと苦労で，2つ折りにして徐々に飲み込みつつ（右写真），限界が来たらどちらか片方をちぎって捨てて，もう片方の残りを飲み込んでいった．

〔吉田　譲〕

第2章　分類群

線虫類（線形動物門）　｜脚はない｜体は細長い｜体の一端は尖った形状

和名 カンセンチュウ目の一種　**体長** 0.16 mm　**撮影地** 東京都板橋区　**環境** 落葉広葉樹林
微環境 トゲダニの体表　**撮影日** 2015年2月21日
コメント ラプディティス科（Rhabditidae）の細菌食性線虫の可能性が高いが詳細は不明．
📷 T-19

　線形動物門カンセンチュウ目（『日本産土壌動物 第二版』の線虫綱は現在複数の綱に分けられ，かつ新旧の知見がある）に属する．

　土壌に生息する線虫は小型で数ミリ以下のものが多く，体形は糸状で，体色は透明である．線形動物門の学名Nematodaから通称「ネマ」とか「ネマトーダ」と呼ばれることがある．土壌中に含まれる線虫の個体数は非常に多く，計算すると片足1歩の下に7万を超える線虫が生息しているとの報告もある．となると，地面の中には天文学的数値の線虫類が生息していることになる．ヒメミミズと似ているが，体節はなく，また繊毛などの毛もないことなどから区別ができる．外見は非常に簡単な構造に見えるが，生殖系，神経系，消化器系等のさまざまな組織に分化するなど複雑な構造からなる．

　線虫の仲間には動物や植物に感染し病気を起こすもの（例えばフィラリアを起こすイヌ糸状虫や，マツ枯れを起こすマツノザイセンチュウなど）もいるため害虫のイメージが強いが，ある種では受精卵から細胞分化する流れが解明されていることから発生学や老化研究のモデル生物となるほかに，化学物質へ敏感に反応する性質を医療に役立てるなどの有益性もある．

ザトウムシ目

| 脚は4対 | ハサミなし | 尾突起なし |

和名 **オオナミザトウムシ**（カワザトウムシ科）　**学名** *Nelima genufusca*　**体長** 7 mm前後
撮影地 長野県佐久市　**環境** スギ植林　**微環境** 地表面　**撮影日** 2018年9月17日
コメント 秋に交尾している姿をよく見かけるオオナミザトウムシ（左が♂で，右が♀）．

Y-6

　　節足動物門鋏角亜門クモガタ綱ザトウムシ目（Opiliones）に属する．
　ザトウムシ（座頭虫）という名前は，長い脚で周囲を探るように歩くことに由来する．多くの種は頭胸部の眼丘に1対の眼をそなえているのが特徴で，世界で約6500種，日本には約80種が確認されている．腹部下面に雄は陰茎，雌は産卵管を収納しており，クモガタ綱の中では唯一，真正の交尾を行う．基本的には捕食者だが，生きて動いていないと食べられないわけではなく，また，落ちて発酵しかけているような漿果を食べることもある．主な生息場所は森林や草地，海岸などの落ち葉下や石の下など，さまざまな環境にみられる．
　樹上や林床を徘徊する種の多くは大型で特徴的なゆらゆらとした動きをするため，肉眼で見つけるのは容易．脚の短い小型種などは石や朽木をひっくり返して探したり，シフティングという探し方で見つけることができる．

第2章　分類群

ミツヅメザトウムシ科　Triaenonychidae

- 和名：カイニセタテヅメザトウムシ ♂
- 学名：*Kainonychus akamai akamai*
- 体長：2 mm弱
- 撮影地：岐阜県飛騨市
- 環境：落葉広葉樹林
- 微環境：朽木下
- 撮影日：2018年9月22日
- 📷 Y-8

- 和名：ムツニセタテヅメザトウムシ　幼体
- 学名：*Paranonychus fuscus*（nymph）
- 体長：1.5 mm
- 撮影地：岩手県北上市
- 環境：落葉広葉樹林
- 微環境：石下
- 撮影日：2013年5月25日
- 📷 Y-2

トゲアカザトウムシ科　Podoctidae

- 和名：アキヤマアカザトウムシ ♂
- 学名：*Idzubius akiyamae*
- 体長：約4 mm
- 撮影地：茨城県つくば市
- 環境：落葉広葉樹林
- 微環境：石下
- 撮影日：2017年7月9日
- コメント：カンタリジントラップに誘引されることが知られている（橋本，2018）．
- 📷 Y-7

ザトウムシ目

アカザトウムシ科　Phalangodidae

和名	コアカザトウムシ ♀
学名	*Proscotolemon sauteri*
体長	1 mm強
撮影地	神奈川県足柄下郡
環境	常緑広葉樹林
微環境	石下
撮影日	2015年12月30日

Y-5

カマアカザトウムシ科　Epedanidae

和名	ニホンアカザトウムシ ♀
学名	*Pseudobiantes japonicus*
体長	4 mm弱
撮影地	東京都あきる野市
環境	スギ植林
微環境	石下
撮影日	2016年10月10日
コメント	刺激を与えると頭胸部の臭腺口より薬品臭のある液体を出す（右下写真）．

Y-4

和名	オオアカザトウムシ ♀
学名	*Epedanellus tuberculatus*
体長	約6.5 mm
撮影地	東京都あきる野市
環境	スギ植林
微環境	石下
撮影日	2018年8月26日

Y-6

29

第2章 分類群

ダニザトウムシ科　Sironidae

和名	**スズキダニザトウムシ** ♂
学名	*Suzukielus sauteri*
体長	約2.5 mm
撮影地	東京都あきる野市
環境	スギ植林
微環境	石下
撮影日	2016年4月24日
コメント	ニホンアカザトウムシと同じく臭腺口より液体を出すが臭くはない.

📷 Y-4

イトクチザトウムシ科　Nemastomatidae

和名	**カブトザトウムシ**
学名	*Cladolasma parvulum*
体長	2 mm強
撮影地	徳島県三好市
環境	落葉広葉樹林
微環境	朽木下
撮影日	2016年7月16日

📷 Y-4

ニホンアゴザトウムシ科　Nipponopsalididae

和名	**サスマタアゴザトウムシ** ♂
学名	*Nipponopsalis abei*
体長	約2.5 mm
撮影地	静岡県賀茂郡
環境	常緑広葉樹林
微環境	倒木脇
撮影日	2015年7月25日

📷 Y-4

和名	ツムガタアゴザトウムシ ♂
学名	*Nipponopsalis yezoensis*
体長	3 mm弱
撮影地	岩手県八幡平市
環境	亜高山帯針葉樹林
微環境	石下
撮影日	2015年9月19日

📷 Y-4

アメリカアゴザトウムシ科　Taracidae

和名	ケアシザトウムシ ♀
学名	*Crosbycus dasycnemus*
体長	約1 mm
撮影地	東京都あきる野市
環境	スギ植林
微環境	石下
撮影日	2016年11月22日

📷 Y-5

ブラシザトウムシ科　Sabaconidae

和名	コブラシザトウムシ ♀
学名	*Sabacon pygmaeus*
体長	3 mm弱
撮影地	徳島県三好市
環境	落葉広葉樹林
微環境	石下
撮影日	2016年7月15日

📷 Y-4

和名	スギモトブラシザトウムシ ♂
学名	*Sabacon makinoi sugimotoi*
体長	約2mm
撮影地	茨城県桜川市
環境	照葉樹林
微環境	石下
撮影日	2017年1月17日
📷	T-8

マメザトウムシ科　Caddidae

和名	マメザトウムシ ♀
学名	*Caddo agilis*
体長	3mm弱
撮影地	山梨県北都留郡
環境	落葉広葉樹林
微環境	木の根元付近
撮影日	2015年6月6日
📷	Y-4

和名	ヒメマメザトウムシ ♀
学名	*Caddo pepperella*
体長	約1.5mm
撮影地	山梨県上野原市
環境	針広混交林
微環境	石下
撮影日	2018年6月2日
📷	Y-9

マザトウムシ科　Phalangiidae

和名	ゴホントゲザトウムシ ♀
学名	*Himalphalangium spinulatum*
体長	約10 mm
撮影地	東京都町田市
環境	落葉広葉樹林
微環境	リター層
撮影日	2011年7月8日

📷 Y-1

和名	トゲザトウムシ ♂
学名	*Odiellus aspersus*
体長	約6 mm
撮影地	岩手県宮古市
環境	落葉広葉樹林
微環境	木の根元付近
撮影日	2017年8月28日
コメント	腹部に付いているのはタカラダニの幼虫.

📷 Y-6

和名	マザトウムシ ♂
学名	*Phalangium opilio*
体長	約7 mm
撮影地	北海道野付郡
環境	海岸
微環境	漂着物の下
撮影日	2016年8月26日

📷 Y-4

第2章 分類群

和名	ウデブトザトウムシ♀
学名	*Homolophus arcticus*
体長	約9.5 mm
撮影地	北海道野付郡
環境	海岸
微環境	漂着物の下
撮影日	2016年8月28日
📷	Y-4

カワザトウムシ科　Sclerosomatidae

和名	オオヒラタザトウムシ♂
学名	*Leiobunum japanense japonicum*
体長	約7.5 mm
撮影地	徳島県三好市
環境	落葉広葉樹林
微環境	木の根元付近
撮影日	2016年7月15日
📷	Y-4

和名	ゴホンヤリザトウムシ♀
学名	*Systenocentrus japonicus*
体長	3 mm弱
撮影地	東京都あきる野市
環境	スギ植林
微環境	石下
撮影日	2014年12月14日
📷	Y-5

和名	ヒトハリザトウムシ♂
学名	*Psathyropus tenuipes*
体長	約5 mm
撮影地	岩手県下閉伊郡
環境	海岸
微環境	岩場の表面
撮影日	2014年9月19日
📷	Y-4

■コラム

マメザトウムシの狩り

　一般的によく見かける脚の長いザトウムシは，歩きながら第1～2脚を使って食べ物を探すが，マメザトウムシは大きく発達した眼で獲物をとらえて捕食する．筆者が1日中1個体のマメザトウムシだけに張り付いて観察したところ，観察場所の樹表面でよく見かけるトビムシやクモ，ハエ目などの小さな生き物を狙う機会が多かった．狙うといっても歩き回って探すのではなく，足元に獲物が来たらそれを眼でとらえて前傾姿勢になり，触肢をのばして振り下ろす，という具合であった．失敗することも多く，獲物が逃げ去った方向をじっと見つめたまま前傾姿勢を崩さずに待機し，出てこないとあきらめて通常の姿勢に戻るという，観察している側から見れば何とももどかしいマメザトウムシであった． 〔吉田　譲〕

左：獲物を見つけた瞬間．右：獲物が落ち葉の下に潜ってしまい，5分ほど待機しているようす．

ダニ類

| 脚は4対 | ハサミなし | 小さい |

- **和名** チマダニ属の一種（マダニ科）
- **学名** *Haemaphysalis* sp.
- **体長** 約3 mm
- **撮影地** 東京都青梅市
- **環境** 落葉広葉樹林
- **微環境** 低い位置の葉上
- **撮影日** 2018年7月15日
- **コメント** おそらくフタトゲチマダニの雌成虫．

Y-8

　節足動物門鋏角亜門クモガタ綱に属する．ただし，最新の分類では，ダニ類（Acari）は亜綱や目としてひとつの分類群にまとめず，胸板ダニ上目（Acariformes），胸穴ダニ上目（Parasitiformes）の2つの全く異なる分類群として扱うことが多い．

　ダニの仲間は後述の昆虫目のトビムシ類と同様に，土壌中の動物として最も種類数や個体数ともに多く見られる動物である．さまざまな形態の種がいるが，共通の形態的特徴は頭部・胸部・腹部が融合し，脚は4対で，触角はなく，複眼も持っていないことである．体長は1 mmを超える種類もいるが，多くの種類は1 mm未満の小動物である．体色も種によってさまざまで，白色の種もいれば赤色や黄色など鮮やかな体色の種もいるほか，硬い体表を持つ褐色，黒褐色などの種もいる．食性も種により異なる．落葉を食する腐食性，菌糸などを食する菌食性，他の小動物を食する捕食性の他に，発育ステージによっては寄生性のものもいるなど幅広い．土壌ダニはさまざまな植生下の土壌に生息し，人為的影響が大きい花壇や道路植栽などにも生息している．日本には，胸板ダニ上目では，汎ケダニ目に所属するケダニ亜目，クシゲマメダニ亜目，汎ササラダニ目に所属するニセササラダニ亜目，ササラダニ亜目，コナダニ団，胸穴ダニ上目では，トゲダニ目がよく土壌から見いだされる．ほかに，吸血性のマダニ亜目が日本から報告されている．世界には55,000種，日本には2,000種以上の学名の付いた種が報告されているが，未記載種も含めると種数は10倍以上なのではないかと考える研究者もいる．

　ダニという名前から人体寄生性あるいは室内アレルギーの原因となるダニを連想するためか，観察会などで参加者たちがダニを見つけると嫌がる傾向がある．しかし，日本では主な吸血性ダニは約20種（日本産の学名がついたダニ種の約1%）しかおらず，多くは生態系にとって分解者，あるいは節足動物の捕食者としての重要な役割を果たしていることを説明することにより感心して，興味を持ってもらえる動物である．

トゲダニ目

| 脚の付け根は丸い穴状 | 顎体部は鋏状 | 半透明，白，濃〜淡褐色 |

和名 ハエダニ属の一種　**学名** *Macrocheles* sp.　**体長** 約1.2 mm
撮影地 東京都板橋区　**環境** 落葉広葉樹林　**微環境** 石下　**撮影日** 2014年12月6日
コメント 雄（左）が，脱皮直後の雌（右）に交尾をしようとしているところと思われる．　T-19

　胸穴ダニ上目は①基節がある（ないものが多い），②気門が側面にある（前方・全面・ない）③生殖吸盤がない（ある）．という特徴を持つ（カッコ内は胸板ダニ上目の特徴）．基節があるため，体から脚を外すと，体の裏側の脚の付け根に丸い穴が空いているように見える．腹面の前側，人間で言うと胸に該当する部分に穴があるため「胸穴」ダニの名前がついた．
　トゲダニ目（Mesostigmata）は，以前，中気門とよばれており，体の側面に気門がある．主に捕食性．イトダニ類は未成熟の時には昆虫に糸状の構造で体を固定して移動するが，成虫になると土壌中で自由生活性になる．ハエダニ類は，ハエの幼虫（ウジ）を補食するために，昆虫（糞虫）に便乗して，ハエの幼虫の活動するタヌキのため糞などに移動する．ウデナガダニ類は，岩の隙間に腕を広げてはまり込む潮間帯のカニによく似ていて，いつもは長い第1脚を振りながら歩いているが，いったん驚くと腕を後に引いて広げ土壌の隙間に入り込んで，ちょっとやそっとでは出てこない．

ユメダニ科　Epicriidae

- **和名** ユメダニ属の一種
- **学名** *Epicrius* sp.
- **体長** 0.5 mm強
- **撮影地** 東京都あきる野市
- **環境** スギ植林
- **微環境** 石下
- **撮影日** 2016年1月17日
- **コメント** ヒトツメマルトビムシ属の一種を捕食している．

📷 Y-5

キツネダニ科　Veigaiidae

- **和名** キツネダニ属の一種
- **学名** *Veigaia* sp.
- **体長** 1 mm弱
- **撮影地** 東京都あきる野市
- **環境** スギ植林
- **微環境** 石下
- **撮影日** 2019年1月3日

📷 Y-9

ヤリダニ科　Eviphididae

- **和名** セマルヤリダニ属の一種
- **学名** *Evimirus* sp.
- **体長** 約1.5 mm
- **撮影地** 東京都板橋区
- **環境** 常緑広葉樹林
- **微環境** 倒木や石下
- **撮影日** 2015年1月31日

📷 T-6

ハエダニ科　Macrochelidae

- 和名　ハエダニ属の一種
- 学名　*Macrocheles* sp.
- 体長　1 mm弱
- 撮影地　東京都あきる野市
- 環境　スギ植林
- 微環境　石下
- 撮影日　2016年3月6日
- 📷　Y-5

ウデナガダニ科　Podocinidae

- 和名　ウデナガダニ属の一種
- 学名　*Podocinum* sp.
- 体長　約0.7 mm
- 撮影地　東京都あきる野市
- 環境　スギ植林
- 微環境　石下
- 撮影日　2016年4月24日
- コメント　非常に長い第1脚を左右に揺らしながら歩いて獲物を探す.
- 📷　Y-5

イトダニ科　Uropodidae

- 和名　イトダニ科の一種
- 学名　Uropodidae sp.
- 体長　約1 mm
- 撮影地　東京都板橋区
- 環境　常緑広葉樹林
- 微環境　石下
- 撮影日　2015年3月29日
- 📷　T-6

和名	トゲダニ目の一種
学名	Mesostigmata sp.
体長	約2 mm
撮影地	東京都青梅市
環境	スギ植林
微環境	石下
撮影日	2012年12月16日
コメント	コメツキムシ科の昆虫の腹面に寄生している.

Y-5

■コラム

ダニ類の体系

本書では，ダニ類の分類について以下の体系に沿って説明している．

　胸穴ダニ上目　Parasitiformes
　　　アシナガダニ目　Opilioacarida （日本から記録なし）
　　　カタダニ目　Holothyrida （日本から記録なし）
　　　マダニ目　Ixodida
　　　トゲダニ目　Mesostigmata （= Gamasida）
　胸板ダニ上目　Acariformes
　　　汎ケダニ目　Trombidiformes
　　　　ケダニ亜目　Prostigmata
　　　　クシゲマメダニ亜目　Sphaerolichida
　　　汎ササラダニ目　Sarcoptiformes
　　　　ニセササラダニ亜目　Endeostigmata
　　　　ササラダニ亜目　Oribatida
　　　　　コナダニ小目（あるいは団）　Astigmata（Astigmatina）
（Zhang, 2013；Ruggiero *et al.*, 2015；和名は島野智之，2018に基づく）

　胸穴ダニ類や胸板ダニ類が「上目」という分類レベル（階級）であることが妥当かどうかには，疑問はある．分子系統学的手法をもちいた研究報告では，他のクモガタ類の目と平行して，通常は胸穴ダニ上目および胸板ダニ上目がOTU（Operational Taxonomic Unit）として使われる．クモガタ類の他の目とつりあうグループは，胸穴ダニ類および胸板ダニ類だと思われる．しかしながら胸穴ダニ類と胸板ダニ類を目にすると，その中に包括される分類群の階層が下がりすぎてしまう．また，現在のところ，分子情報からもクモガタ類内部の進化・系統が明らかになっていないことから，この分野のさらなる研究が待たれている．　　　　　　　　　　　　〔島野智之〕

マダニ目

| 脚の付け根は丸い穴状 | 顎体部は鋏状でない | 第1脚にハーラ器官 |

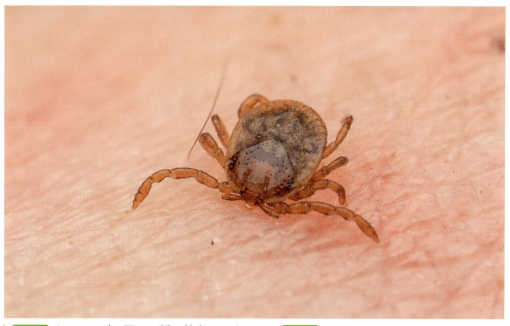

和名 キララマダニ属の一種の若虫（マダニ科）　**学名** *Amblyomma* sp. (Ixodidae)
体長 約1.5 mm　**撮影地** 茨城県　**環境** 常緑広葉樹林　**撮影日** 2016年6月26日
コメント タカサゴキララマダニの若虫と思われる．人の皮膚で吸血中．

T-8

　　マダニ目（Ixodida）は以前，後気門類とよばれており，体の側面，やや後ろに気門がある．世界に約900種，国内に約46種が記録されている．目はあまり見えないらしく，人間や動物の二酸化炭素などを第1脚の先端節（跗節）にある（写真では小さなくぼみに見える）ハーラ器官とよばれる感覚器で感知して，落下して人間や動物に取り付いて血を吸う．口器は鋭く銛状の返し刃がついて吸血中にも抜けにくくなっている．メス成虫は産卵のために吸血するが，体重は吸血前と比べて約100倍も増加し，体の堆積も約100倍になる．マダニは蚊のように単に血を吸うのではなく，血液中から成分（栄養）を回収できるので，すぐに満腹にはならない．例えば，フタトゲチマダニの場合，7日間，動物に口器を差し込んで血を吸い続けることができる．最初の5日間は，摂取した栄養をダニ自身の体の皮膚に付け足して，厚く作り直すことに使い，体を膨らませる準備ができた後，最後の6〜7日目で急激に吸血して，体が膨張する．蚊の産卵数は一般に100〜200個であるのに比べ，マダニでは1匹の雌が数千，種によっては2万を超える卵を産むものもいる．

第2章　分類群

ケダニ亜目

| 脚付け根は丸穴状でない | 体は柔かいものが多い | 赤, 緑, 黄, 青, 白, 黒, 褐色 |

和名 ナミケダニ科の一種　**学名** Trombidiidae sp.　**体長** 10 mm前後
撮影地 茨城県つくば市　**環境** 落葉広葉樹林　**微環境** 柵上　**撮影日** 2014年6月15日
📷 T-25

　胸板ダニ上目のダニは，脚の基節が体と融合しており，体の腹面の前側，人間で言うと胸に該当する部分が板状になっているため「胸板」ダニの名前がついた．①基節がない，②気門が前方・全面・ないという特徴を持つ，③生殖吸盤がある，という特徴を持つ．

　広義のケダニ類は，現在，汎ケダニ目に所属するケダニ亜目（Prostigmata）とクシゲマメダニ亜目をさす．狭義のケダニ類はケダニ亜目をさす．以前は前気門類とよばれていたが，これは気門が前方の鋏角の間に開いているからである．クシゲマメダニ亜目には気門などは見られない．本書ではクシゲマメダニ亜目のダニは掲載していない．汎ケダニ目は，世界に約25,000種（800種），ケダニ亜目は約25,000種（800種），クシゲマメダニ亜目は約20種（5種）（カッコ内は日本国内）．総じて体は柔かいが，ヨロイダニ類（体色は黄色）などは硬い．

　ケダニ類は，捕食性がほとんどであるが，植物寄生あるいは動物寄生のものもある．捕食性のテングダニ類や，捕食性だが室内で発生し場当たり的に人を刺すツメダニ類，幼虫が昆虫寄生性のタカラダニ類，一生涯花粉を食べるカベアナタカラダニ，植物を吸汁し農業的被害を与えるハダニ類，ツツガムシ類は幼虫のみが人間や動物を体液を吸うが，他のステージは自由生活性である．このようにケダニ類には多様な食性や生活環を持つものがいる．

ナガタカラダニ科　Smarididae

和名	シロタビタカラダニ
学名	*Kraussiana mitsukoae*
体長	約2 mm
撮影地	岩手県宮古市
環境	落葉広葉樹林
微環境	石下
撮影日	2015年9月1日
📷	Y-5

タカラダニ科　Erythraeidae

和名	アリマキタカラダニ属の一種
学名	*Erithraeus* sp.
体長	約1.2 mm
撮影地	茨城県つくば市
環境	落葉広葉樹林
微環境	地面上
撮影日	2016年4月17日
📷	T-10

和名	クモタカラダニ属の一種
学名	*Leptus* sp.
体長	約2 mm
撮影地	岐阜県中津川市
環境	落葉広葉樹林
微環境	石下
撮影日	2018年9月22日
📷	Y-8

第2章　分類群

和名	ゴミツケタカラダニ属の一種
学名	*Caeculisoma* sp.
体長	約2 mm
撮影地	静岡県沼津市
環境	常緑広葉樹林
微環境	石下
撮影日	2013年1月6日
📷	Y-2

テングダニ科　Bdellidae

和名	ナガテングダニ属の一種
学名	*Biscirus* sp.
体長	約1.6 mm
撮影地	東京都板橋区
環境	常緑広葉樹林
微環境	朽木下
撮影日	2015年3月29日
📷	T-6

和名	フツウテングダニ属の一種
学名	*Bdellodes* sp.
体長	約1.8 mm
撮影地	東京都板橋区
環境	常緑広葉樹林
微環境	石下
撮影日	2014年12月6日
📷	T-19

ケダニ亜目

和名	チビテングダニ属の一種
学名	*Cyta* sp.
体長	約1 mm
撮影地	東京都板橋区
環境	常緑広葉樹林
微環境	落葉下
撮影日	2015年1月19日

📷 T-6

オイソダニ科　Cunaxidae

和名	オソイダニ属の一種
学名	*Cunaxa* sp.
体長	約0.5 mm
撮影地	東京都あきる野市
環境	スギ植林
微環境	石下
撮影日	2018年12月30日

📷 Y-10

アギトダニ科　Rhagidiidae

和名	アギトダニ科の一種
学名	Rhagidiidae sp.
体長	約1 mm
撮影地	山梨県南都留郡
環境	針葉樹林
微環境	雪上
撮影日	2017年3月11日

📷 Y-5

ミドリハシリダニ科　Penthaleidae

- **和名** ムギダニ属の一種
- **学名** *Penthaleus* sp.
- **体長** 約1 mm
- **撮影地** 東京都あきる野市
- **環境** スギ植林
- **微環境** 石下
- **撮影日** 2018年12月30日
- 📷 Y-9

ヨロイダニ科　Labidostomatidae

- **和名** トウヨウヨロイダニ属の一種
- **学名** *Mahunkiella* sp.
- **体長** 約1.3 mm
- **撮影地** 東京都あきる野市
- **環境** スギ植林
- **微環境** 石下
- **撮影日** 2017年2月12日
- 📷 T-4

- **和名** コスモヨロイダニ属の一種
- **学名** *Nicoletiella* sp.
- **体長** 約1.2 mm
- **撮影地** 東京都板橋区
- **環境** 常緑広葉樹林
- **微環境** 石下
- **撮影日** 2015年5月6日
- 📷 T-6

ハモリダニ科　Anystidae

- 和名 ハモリダニ科の一種
- 学名 Anystidae sp.
- 体長 約1.1 mm
- 撮影地 東京都板橋区
- 環境 常緑広葉樹林
- 微環境 葉上
- 撮影日 2015年5月17日
- 📷 T-6

- 和名 ハモリダニ科の一種
- 学名 Anystidae sp.
- 体長 約1 mm
- 撮影地 東京都あきる野市
- 環境 スギ植林
- 微環境 石下
- 撮影日 2016年1月17日
- 📷 Y-5

ヤリタカラダニ科　Calyptostomatidae

- 和名 ヤリタカラダニ属の一種
- 学名 *Calyptostoma* sp.
- 体長 約2 mm
- 撮影地 東京都町田市
- 環境 落葉広葉樹林
- 微環境 倒木下
- 撮影日 2015年4月12日
- コメント 幼虫時にガガンボなどに寄生する（左下写真）.
- 📷 Y-5

第2章　分類群

ナミケダニ科　Trombidiidae

和名	ナミケダニ科の一種
学名	Trombidiidae sp.
体長	約1.4 mm
撮影地	茨城県つくば市
環境	落葉広葉樹林
微環境	苔上
撮影日	2014年6月15日

T-23

和名	ナミケダニ科の一種
学名	Trombidiidae sp.
体長	約1.2 mm
撮影地	東京都板橋区
環境	常緑広葉樹林
微環境	石下
撮影日	2014年12月6日

T-19

■コラム　ダニの「若虫」とは？

　卵から孵化したダニの「幼虫」は6本足である．幼虫は脱皮して8本足の「若虫」(nymph) になる．若虫は3期あることが多く，それぞれ第1，第2，第3若虫とよばれるが，ダニ類には1期または2期しかないものもある．一般に幼虫，若虫，成虫の住み場所や食性は同じである．しかし，寄生性のダニではツツガムシ，タカラダニ，ミズダニのように，幼虫の時期のみ寄生生活をおこない，成虫になると自由生活をする場合がある．

〔島野智之〕

卵 egg ／ 幼虫 larva【脚は3対】／ 第1若虫 protonymph ／ 第2若虫 deutonymph ／ 第3若虫 tritonymph　若虫【脚は4対】nymph ／ 成虫 adult【脚は4対】

ササラダニ亜目

| 脚付け根は丸穴状でない | 1対の明瞭な胴感杯・胴感毛 | 体は硬いものが多い |

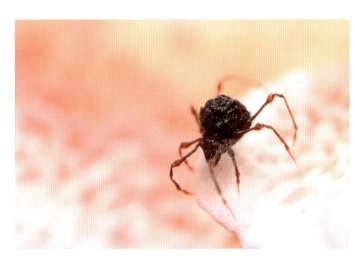

- **和名** ジュズダニ科の一種
- **学名** Damaeidae sp.
- **体長** 1 mm強
- **撮影地** 岩手県宮古市
- **環境** 落葉広葉樹林
- **微環境** 菌類上
- **撮影日** 2015年9月20日
- 📷 Y-5

　汎ササラダニ目は，世界に約16,000種（約650種），ニセササラダニ亜目 約100種（18種），ササラダニ亜目（Oribatida）約12,000種（約530種）（カッコ内は日本国内）．ササラダニ類は，道路の中央分離帯や街路樹のような劣悪な環境から，人為的攪乱をほぼ受けていない自然林までさまざまな環境に生息している．ササラダニ類は，劣悪な環境でも生きられる種と，人為的攪乱や乾燥に耐えられずすぐに姿を消してしまう種がおり，環境指標種としても，よく利用されている（本文第1章参照）．両手を前に伸ばして四角を作ってみる．この手で囲った面積が1 m^2．よく保存されている森林では，日本の土壌には1 m^{2}あたり約2万から8万個体のササラダニ類が生息している．日本の国土の68％が森林で，森林面積は約2500万ha．ここでは種数は考えず，暖温帯の日本では1 m^{2}あたり約4万個体のササラダニ類が生息しているとすると，日本の森林だけに生息するササラダニ類だけでも，約1京個体（10,000,000,000,000,000個体）が生息していることになる．

　ササラダニ類は，主に生態系の分解者の役割を持っている．餌は一般的には落葉落枝のような有機物で，鋏角は，ペンチのようにしっかりしており，硬い落ち葉も切り裂ける構造になっている．また，有機物に生えているカビやキノコの菌糸なども同時に食べるものもいる．カビやキノコの菌糸のみを専門に食べるものもいるが，その場合には，鋏角は特殊で細く菌糸を食べやすくなっている．中には土壌線虫をスパゲッティのように食べる種もいる．

　ササラダニ類は，基本的に土壌性であると考えられているが，水中生活するものもおり，高層湿原や，池の水草，まれに熱帯魚の水槽などからも得られることがある．また，海岸の潮間帯にも，まだまだ未知の種が生息していると考えられる．

第2章 分類群

マイコダニ科　Pterochthoniidae

- 和名　マイコダニ
- 学名　*Pterochthonius angelus*
- 体長　0.4 mm
- 撮影地　福島県北塩原村
- 環境　落葉広葉樹林
- 微環境　落葉下
- 撮影日　2017年5月16日
- 📷　T-26

ヘソイレコダニ科　Euphthiracaridae

- 和名　ヒメヘソイレコダニ
- 学名　*Acrotritia ardua*
- 体長　約0.8 mm
- 撮影地　東京都板橋区
- 環境　落葉広葉樹林
- 微環境　落葉下
- 撮影日　2016年4月7日
- 📷　T-3

- 和名　ウスイロヒメヘソイレコダニ
- 学名　*Arotritia sinensis*
- 体長　約0.7 mm
- 撮影地　茨城県水戸市
- 環境　落葉広葉樹林
- 微環境　朽木下
- 撮影日　2017年4月9日
- 📷　T-10

タテイレコダニ科　Oribotritiidae

- 和名: ジャワイレコダニ属の一種
- 学名: *Indotritia* sp.
- 体長: 約1.4 mm
- 撮影地: 茨城県鉾田市
- 環境: 海浜
- 微環境: 朽木下
- 撮影日: 2017年5月14日
- T-4

- 和名: タテイレコダニ科の一種
- 学名: Oribotritiidae sp.
- 体長: 約1.3 mm
- 撮影地: 群馬県渋川市
- 環境: 落葉広葉樹林
- 微環境: ギャップ内の草地
- 撮影日: 2017年8月21日
- T-4

- 和名: タテイレコダニ科の一種
- 学名: Oribotritiidae sp.
- 体長: 1 mm未満
- 撮影地: 山梨県富士吉田市
- 環境: 落葉広葉樹林
- 微環境: 朽木下
- 撮影日: 2017年3月11日
- Y-5

イレコダニ科　Phthiracaridae

- 和名　オオイレコダニ
- 学名　*Phthiracarus setosus*
- 体長　約1 mm
- 撮影地　栃木県那須郡那須町湯本
- 環境　落葉広葉樹低木林
- 微環境　朽木下
- 撮影日　2015年8月18日
- 📷 T-4

アミメオニダニ科　Nothridae

- 和名　アミメオニダニ属の一種
- 学名　*Nothrus* sp.
- 体長　1 mm強
- 撮影地　徳島県三好市
- 環境　落葉広葉樹林
- 微環境　朽木下
- 撮影日　2016年7月16日
- 📷 Y-5

- 和名　アミメオニダニ属の一種　若虫
- 学名　*Nothrus* sp. (nymph)
- 体長　0.8 mm
- 撮影地　東京都板橋区
- 環境　落葉広葉樹林
- 微環境　落葉下
- 撮影日　2015年9月22日
- 📷 T-6

ササラダニ亜目

ウズタカダニ科　Neoliodidae

- 和名　ウズタカダニ科の一種
- 学名　Neoliodidae sp.
- 体長　約1.5 mm
- 撮影地　東京都板橋区
- 環境　広葉樹林
- 微環境　倒木上や樹皮下など
- 撮影日　2015年3月29日
- T-6

スネナガダニ科　Gymnodamaeidae

- 和名　オオスネナガダニ
- 学名　*Adrodamaeus striatus*
- 体長　約1 mm
- 撮影地　東京都板橋区
- 環境　広葉樹林
- 微環境　落葉下
- 撮影日　2015年9月22日
- T-6

ジュズダニ科　Damaeidae

- 和名　ジュズダニ科の一種
- 学名　Damaeidae sp.
- 体長　約1.3 mm
- 撮影地　東京都板橋区
- 環境　常緑広葉樹林
- 微環境　落葉下
- 撮影日　2015年3月29日
- T-6

第2章 分類群

和名	ジュズダニ科の一種 若虫
学名	Damaeidae sp. (nymph)
体長	約1.1 mm
撮影地	西多摩郡奥多摩町
環境	落葉広葉樹林
微環境	倒木下
撮影日	2018年1月2日
	T-4

タカネシワダニ科　Niphocepheidae

和名	タカネシワダニ属の一種
学名	*Niphocepheus* sp.
体長	1 mm強
撮影地	山梨県北都留郡
環境	落葉広葉樹林
微環境	石下
撮影日	2015年6月7日
	Y-5

セマルダニ科　Metrioppiidae

和名	リキシダニ
学名	*Ceratoppia rara*
体長	約1 mm
撮影地	栃木県那須郡那須町湯本
環境	落葉広葉樹林
微環境	落葉下
撮影日	2014年10月22日
	T-18

ササラダニ亜目

和名	ヒメリキシダニ
学名	*Ceratoppia quadridentata*
体長	約0.5 mm
撮影地	和歌山県日高郡
環境	スギ植林
微環境	石下
撮影日	2017年12月28日
📷	T-26

ザラタマゴダニ科　Xenillidae

和名	ザラタマゴダニ科の一種
学名	Xenillidae sp.
体長	約1 mm
撮影地	東京都あきる野市
環境	スギ植林
微環境	石下
撮影日	2017年2月19日
📷	Y-5

マルトゲダニ科　Tenuialidae

和名	マルトゲダニ科の一種
学名	Tenuialidae sp.
体長	1mm 弱
撮影地	山梨県北都留郡
環境	落葉広葉樹林
微環境	石下
撮影日	2015年6月7日
📷	Y-5

クモスケダニ科　Eremobelbidae

- 和名　ヤマトクモスケダニ
- 学名　*Eremobelba japonica*
- 体長　約1 mm
- 撮影地　東京都板橋区
- 環境　広葉樹林
- 微環境　落葉下
- 撮影日　2015年6月6日
- T-6

エリナシダニ科　Platyameridae

- 和名　エリナシダニ科の一種
- 学名　Platyameridae sp.
- 体長　1 mm弱
- 撮影地　東京都板橋区
- 環境　常緑広葉樹林
- 微環境　落葉下
- 撮影日　2015年3月29日
- T-6

イカダニ科　Tetracondylidae

- 和名　ヤマトオオイカダニ
- 学名　*Megalotocepheus japonicus*
- 体長　約1.3 mm
- 撮影地　栃木県那須郡那須町湯本
- 環境　落葉広葉樹林
- 微環境　栃木下
- 撮影日　2015年8月18日
- T-10

コバネダニ科　Ceratozetidae

- 和名: コバネダニ科の一種
- 学名: Ceratozetidae sp.
- 体長: 1 mm弱
- 撮影地: 山梨県富士吉田市
- 環境: 落葉広葉樹林
- 微環境: 落葉下
- 撮影日: 2017年3月11日
- 📷 T-4

- 和名: キュウジョウコバネダニ
- 学名: *Ceratozetella imperatoria*
- 体長: 約1 mm
- 撮影地: 東京都あきる野市
- 環境: スギ植林
- 微環境: 石下
- 撮影日: 2017年2月19日
- 📷 Y-5

所属不明

- 和名: ササラダニ類の若虫
- 体長: 約1.4 mm
- 撮影地: 東京都板橋区
- 環境: 落葉広葉樹林
- 微環境: 落葉下
- 撮影日: 2015年1月7日
- コメント: ササラダニ類の若虫とコナダニ類は非常によく似ている（見分け方はコナダニ小目の項参照）.
- 📷 T-10

コナダニ小目

| 脚付け根は丸穴状でない | 胴感毛を持たない | 生殖門は「人」の字型 |

和名 コナダニ小目の一種　**学名** Astigmata sp.　**体長** 0.8 mm　**撮影地** 東京都板橋区
環境 落葉広葉樹林　**微環境** 落葉下　**撮影日** 2014年12月18日
📷 T-20

　コナダニ小目（あるいは団，Astigmata）は，気門が見えないため，以前は無気門類とよばれていた．以前はダニ目コナダニ亜目として独立した分類群だったが，現在は，ササラダニ亜目の中に位置し，小目とされている．現在は，形態学的及び分子遺伝学的証拠に基づいて，ササラダニ亜目のなかのある分類群からコナダニ類が派生したと考えられている．ササラダニ亜目のその分類群には，コナダニによく似ているコナダニモドキ類なども含まれ，また，ササラダニ亜目の若虫自体も非常にコナダニによく似ている．コナダニ小目の成虫は生殖門が「人」状に後端が開いているが，ササラダニ亜目の若虫では，生殖門は未発達ながら観音開きの扉状か縦スリット状である．また，コナダニ類は胴感毛を持たないのに対し，ササラダニ類は1対の明瞭な胴感毛を持つので，双方を見分けることができる（コナダニモドキ類など一部のササラダニ類には胴感毛・胴感杯はない）．

　コナダニ類は，世界に約4,000種，国内に約100種が知られている．カビをたべるもの，バクテリアを食べるもの，動物や昆虫の体表成分（古い皮脂など）を食べるものがいるなど，多種多様な分類群である．

コナダニ科　Acaridae

和名	コナダニ科の一種
学名	*Acaridae* sp.
体長	1 mm弱
撮影地	茨城県久慈郡
環境	落葉広葉樹林
微環境	石下
撮影日	2018年11月17日
📷	Y-10

コラム

カベアナタカラダニ

　アナタカラダニ属*Balaustium*のダニは，ケダニ亜目タカラダニ科Erythraeidaeに所属する．属名の「アナ」は，眼の後（前体部後端）にウルヌラ（urnula）という穴を持つためである．本属のダニは，他のタカラダニ科のダニとは生活史は大きく異なり，幼虫の時には，昆虫寄生をせず，幼虫も花粉など主要な餌資源としているが，他の昆虫などもタンパク質の餌資源として場当たり的に摂食する（Yoder et al., 2012；高倉・高津, 2008）．

　カベアナタカラダニ*B. murorum*（murorumは壁の意味，下写真）はヨーロッパで記載された種で，日本でも北海道から沖縄までの広い範囲に分布する．体長1 mm前後と比較的大型の赤〜赤橙色のダニが，ビルの屋上や住宅のベランダなどコンクリート表面で多数（関東地方では4月下旬から6月にかけて）発生するので，1980年頃から不快害虫として駆除対象にされている．薬品や化粧品生産工場などでは製品への混入，病院などでは窓からの侵入による苦情が多く，苦情による実害が生じている．しかしながら，大野ほか（2011）によれば，生きたダニは痒みを起こしたり皮疹を起こしたりするなどの原因にはならない．潰したダニへの長時間接触は被験者に赤い皮疹を生じさせる可能性があるというが，入院患者などでなければ問題はないと思われる． 〔島野智之〕

体長	約1mm
撮影地	東京都あきる野市
微環境	コンクリート上
撮影日	2019年4月20日
コメント	高速で走り回る姿を流し撮りの要領で撮影した．
📷	Y-10

第2章　分類群

カニムシ目

脚は4対 ／ ハサミあり ／ 尾部突起は長くのびない

和名 *Pararoncus* 属の一種（ツノカニムシ科）　**学名** *Pararoncus* sp.（Syarinidae）
体長 4 mm前後　**撮影地** 東京都あきる野市　**環境** スギ植林　**微環境** 石下
撮影日 2016年11月22日
コメント 秋〜春にかけての寒い時期に現れる．写真の個体は共食いをしているところで，ハサミ（触肢）で捕えた後に口で咥えて食べている．

Y-4

　節足動物門鋏角亜門クモガタ綱カニムシ目（Pseudoscorpiones）に属する．前述のサソリ目やサソリモドキ目と同じように大きなハサミ（触肢）を持っているのが特徴であるため，英語名はpseudoscorpion（偽のサソリという意味）というが，長い尾部はないためサソリ目やサソリモドキ目との見分けは非常に簡単である．この大きなハサミでトビムシなどの土壌動物を捕らえている．主な生息場所はさまざまな森林の落ち葉の下や樹皮の隙間などだが，中には海岸の岩場の隙間などに生息する種類もいる．土壌中の種を肉眼で見つけるのは難しいが，篩（ふるい）をつかって抽出する方法で比較的容易に確認することができる．大きなハサミをゆっくり動かしながら移動したり，また，何かに接触すると後ずさり（その行動からアトビサリとも呼ばれていた）したりするなど，ユーモラスな動きをする土壌動物である．

カニムシ目

オウギツチカニムシ科　Pseudotyrannochthoniidae

和名	オウギツチカニムシ属の一種
学名	*Allochthonius* sp.
体長	約2 mm
撮影地	東京都あきる野市
環境	スギ植林
微環境	石下
撮影日	2016年8月6日

Y-5

和名	オウギツチカニムシ
学名	*Allochthonius opticus*
体長	約2 mm
撮影地	東京都あきる野市
環境	スギ植林
微環境	
撮影日	2017年6月24日

Y-5

和名	キタツチカニムシ
学名	*Allochthonius borealis*
体長	約2 mm
撮影地	岩手県一関市
環境	落葉広葉樹林
微環境	リター層
撮影日	2015年9月24日

Y-5

第2章 分類群

和名 キタカミメクラツチカニムシ
学名 *Pseudotyrannochthonus undecimclavatus*
体長 約4 mm
撮影地 岩手県下閉伊郡
環境 洞窟
微環境 石下
撮影日 2015年9月25日
📷 Y-4

ツチカニムシ科　Chthoniidae

和名 ニホンカブトツチカニムシ
学名 *Mundoehthonius japonicus*
体長 約1 mm
撮影地 山梨県南都留郡
環境 針葉樹林
微環境 落葉下
撮影日 2017年3月11日
📷 Y-5

和名 ムネトゲツチカニムシ
学名 *Tyrannochthonius japonicus*
体長 2 mm弱
撮影地 東京都あきる野市
環境 スギ植林
微環境 石下
撮影日 2015年12月30日
📷 Y-9

ツノカニムシ科　Syarinidae

- **和名** *Pararoncus* 属の一種
- **学名** *Pararoncus* sp.
- **体長** 約4 mm
- **撮影地** 東京都あきる野市
- **環境** スギ植林
- **微環境** 石下
- **撮影日** 2019年1月4日
- 📷 Y-7

コケカニムシ科　Neobisiidae

- **和名** アナガミコケカニムシ
- **学名** *Parobisium anagamidensis*
- **体長** 約7 mm
- **撮影地** 和歌山県日高郡
- **環境** 照葉樹林
- **微環境** 石下
- **撮影日** 2017年12月29日
- 📷 Y-7

- **和名** ミツマタカギカニムシ
- **学名** *Bisetocreagris japonica*
- **体長** 4 mm弱
- **撮影地** 岩手県一関市
- **環境** 落葉広葉樹林
- **微環境** 朽木下
- **撮影日** 2017年8月27日
- 📷 Y-7

第2章　分類群

和名	カギカニムシ属の一種
学名	*Bisetocreagris* sp.
体長	約3.5 mm
撮影地	岩手県八幡平市
環境	落葉広葉樹林
微環境	朽木下
撮影日	2015年9月21日
📷	Y-4

イソカニムシ科　Garypidae

和名	イソカニムシ
学名	*Garypus japonicus*
体長	約5 mm
撮影地	静岡県沼津市
環境	海岸
微環境	石下
撮影日	2018年1月1日
📷	Y-7

サバクカニムシ科　Olpiidae

和名	コイソカニムシ
学名	*Nipponogarypus enoshimaensis*
体長	約2.5 mm
撮影地	和歌山県和歌山市
環境	海岸
微環境	石下
撮影日	2017年12月28日
📷	Y-7

ヤドリカニムシ科　Chernetidae

和名	イチョウヤドリカニムシ
学名	*Allochernes ginkgoanus*
体長	約2.5 mm
撮影地	静岡県沼津市
環境	海岸
微環境	石下
撮影日	2015年12月30日
📷	Y-5

和名	モリヤドリカニムシ
学名	*Allochernes japonicus*
体長	約2 mm
撮影地	山梨県北都留郡
環境	落葉広葉樹林
微環境	倒木樹皮下
撮影日	2016年5月4日
📷	Y-5

和名	オオヤドリカニムシ
学名	*Megachernes ryugadensis*
体長	5 mm強
撮影地	和歌山県日高郡日高町
環境	常緑広葉樹林
微環境	石下
撮影日	2017年11月3日
コメント	ネズミなどの体毛をハサミで掴んで便乗する（左下写真）．
📷	Y-7

サソリ目

脚は4対　ハサミあり　長い尾部

コガネサソリ科　Scorpionidae

- **和名** ヤエヤマサソリ
- **学名** *Liocheles australasiae*
- **体長** 約30 mm
- **撮影地** 沖縄県石垣島
- **環境** 常緑広葉樹林
- **微環境** 樹皮下
- **撮影日** 2018年3月24日
- 📷 Y-6

キョクトウサソリ科　Buthidae

- **和名** マダラサソリ
- **学名** *Isometrus maculatus*
- **体長** 約60 mm
- **撮影地** 沖縄県石垣島
- **環境** 海岸の岩壁
- **微環境** 岩壁の隙間
- **撮影日** 2018年3月26日
- 📷 Y-6

　節足動物門鋏角亜門クモガタ綱サソリ目（Scorpiones）に属する．大きなハサミ（触肢）を持っているために，後述のサソリモドキやカニムシと似ているが，毒針を有する長い後腹部を持つ点や体長などで形態的に見分けができる．日本には南西諸島（八重山諸島など）にヤエヤマサソリ（約30 mm），マダラサソリ（約60 mm）の2種が生息している．

　昆虫やその他の土壌動物などを捕らえて食する肉食性で，生息場所は石の下や朽ち木下，樹皮下などの隙間にいることが多い．日本のサソリの毒性は弱い．

クモ目

脚は4対　ハサミなし　体は2部に分離

和名 ヨダンハエトリ（ハエトリグモ科）　**学名** *Marpissa pulla*　**体長** 約6 mm
撮影地 東京都板橋区　**環境** 常緑広葉樹林　**微環境** リター層　**撮影日** 2014年5月3日

　節足動物門鋏角亜門クモガタ綱クモ目（Araneae）に属する.
　形態は頭胸部と腹部に大きく2部に分かれて腹柄でつながっており，腹部後方が細長く伸長せず，多くの種は8個の単眼（種によっては6または4個）であるのが特徴である．脚が長い種は前述のザトウムシに間違えたり，一方で小型のクモはダニと間違えたりしやすいが，腹柄に着目することで見分けは可能である．また，現代のクモは腹部末端に尾はないが，1億年以上前の古代クモにはサソリのような尾を持っている種も報告されている.
　生息環境は種によって異なり，土壌性の種類は地中，地表面，落枝落葉層の中など幅広い環境でみられる．食性は肉食性で昆虫類や多足類などを含めさまざまな節足動物などを捕食する．日本からは約1500種が報告されている．

タマゴグモ科　Oonopidae

- 和名　ハネグモ属の一種
- 学名　*Orchestina* sp.
- 体長　約1.2 mm
- 撮影地　茨城県つくば市
- 環境　落葉広葉樹低木林
- 微環境　水際の石上
- 撮影日　2016年4月17日
- T-4

- 和名　ナルトミダニグモ
- 学名　*Ischnothyreus narutomii*
- 体長　約1.5 mm
- 撮影地　東京都板橋区
- 環境　常緑広葉樹林
- 微環境　石下
- 撮影日　2015年3月29日
- T-2

ナミハグモ科　Cybaeidae

- 和名　ナミハグモ属の一種
- 学名　*Cybaeus* sp.
- 体長　約4 mm
- 撮影地　東京都あきる野市
- 環境　スギ植林
- 微環境　石下
- 撮影日　2017年3月12日
- Y-7

コモリグモ科　Lycosidae

和名	ヒノマルコモリグモ
学名	*Tricca japonica*
体長	10 mm弱
撮影地	東京都板橋区
環境	落葉広葉樹林
微環境	地面上
撮影日	2015年6月15日
📷	T-1

サラグモ科　Linyphiidae

和名	コデーニッツサラグモ
学名	*Doenitzius pruvus*
体長	約2.2 mm
撮影地	東京都板橋区
環境	常緑広葉樹林
微環境	石下
撮影日	2014年12月6日
📷	T-19

和名	イマダテテングヌカグモ
学名	*Oia imadatei*
体長	約2.2 mm
撮影地	茨城県水戸市
環境	丘陵地の落葉広葉樹林
微環境	落葉・倒木下など
撮影日	2015年11月16日
📷	T-4

第2章　分類群

和名	**テングヌカグモ**
学名	*Paikiniana mira*
体長	約2 mm
撮影地	埼玉県川越市
環境	落葉広葉樹林
微環境	倒木・落葉の下や地面上
撮影日	2017年2月19日

T-8

和名	**コテングヌカグモ**
学名	*Paikiniana vulgaris*
体長	約2 mm
撮影地	埼玉県川越市
環境	田畑
微環境	積み草や枯れ草下
撮影日	2017年2月19日

T-8

和名	**フタエツノヌカグモ**
学名	*Walckenaeria keikoae*
体長	約2 mm
撮影地	埼玉県川越市
環境	常緑広葉樹林
微環境	落葉・倒木下など
撮影日	2017年2月19日

T-8

和名	**タテヤマテナガグモ**
学名	*Microbathyphantes tateyamaensis*
体長	約1.8 mm
撮影地	茨城県久慈郡大子町
環境	落葉広葉樹林
微環境	朽木下
撮影日	2015年12月15日
📷	T-8

ウラシマグモ科　Phrurolithidae

和名	**ウラシマグモ**
学名	*Phrurolithus nipponicus*
体長	約2.5 mm
撮影地	東京都板橋区
環境	落葉広葉樹林
微環境	落葉上
撮影日	2016年5月2日
📷	T-8

ハエトリグモ科　Salticidae

和名	**ヨダンハエトリ**
学名	*Marpissa pulla*
体長	約6 mm
撮影地	茨城県つくば市
環境	落葉広葉樹低木林
微環境	落葉上・下など
撮影日	2016年6月26日
📷	T-15

第2章　分類群

和名　ネオンハエトリ
学名　*Neon reticulatus*
体長　約2.8 mm
撮影地　栃木県那須郡那須町
環境　落葉広葉樹林
微環境　落葉下
撮影日　2016年5月17日
📷 T-8

■コラム　サソリモドキ目の学名について

　サソリモドキ目（p.73）はThelyphonidaかUropygiのどちらかの学名で示される．しかし，Uropygiは「有鞭類（ゆうべんるい）」として，［サソリモドキ＋ヤイトムシ］の分類群の名称としても使われる．

　現在，サソリモドキ目・ヤイトムシ目（Schizomida, p.74）・ウデムシ目（Amblypygi）として区別される3つの分類群は，20世紀初期までは，クモガタ類の一つの目「脚鬚目（きゃくしゅもく）」としてまとめられていた．その後，ウデムシ類は「目」に独立したが，当時，ヤイトムシ類はサソリモドキ目の1つのグループとして扱われており，サソリモドキ目の学名もUropygiであった．その後．ヤイトムシ類は一つの目としてサソリモドキ目から区別され，これによって，サソリモドキ目の学名はThelyphonidaへ置き替えられるようになった．しかし，現在も従来のようにサソリモドキ目の学名としてUropygiが用いられる場合があり，また，有鞭類の分類群の名称としても使われることがある．

〔島野智之〕

サソリモドキ目

| 脚は4対 | ハサミあり | 腹部末端に細い鞭状部 |

- **和名** アマミサソリモドキ（サソリモドキ科）
- **学名** *Typopeltis stimpsonii*（Thelyphonidae）
- **体長** 約40 mm
- **撮影地** 鹿児島県奄美大島　**環境** 常緑広葉樹林　**微環境** 石下
- **撮影日** 2017年9月22日
- **コメント** 夜間は地表面を徘徊し，樹上にもよく登る．
- Y-3

　　　　　節足動物門鋏角亜門クモガタ綱サソリモドキ目（Thelyphonida，またUropygiと示されることもある．前頁のコラム参照）に属する．前述のサソリやカニムシと同じように大きなハサミ（触肢）を持っているが，サソリのような毒針を持った尾部はなく，腹部末端に細い尾鞭（興奮させるとここから酢酸を噴出する）を持つ点で形態的に見分けができる．この酢（vinegar）の匂いから英名はvinegaroonである．日本には九州南部（薩南半島，牛深，上甑島など）から南西諸島にタイワンサソリモドキ，アマミサソリモドキの2種が生息していて，体長はともに40 mm内外で，食性は肉食性で昆虫やその他の土壌動物などを捕食する．生息場所は石の下や朽ち木下などにいることが多い．

ヤイトムシ目

| 脚は4対 | ハサミなし | 尾状突起はヤイト(灸)状 |

- **和名** **ウデナガサワダムシ**（ヤイトムシ科） **学名** *Bamazomus siamensis*（Hubbardiidae）
- **体長** 約10 mm **撮影地** 沖縄県沖縄本島 **環境** 常緑広葉樹林 **微環境** リター層
- **撮影日** 2018年9月8日

Y-7

　　　　　節足動物門鋏角亜門クモガタ綱ヤイトムシ目（Schizomida）に属する．体長は10 mm未満と小さく，細長い胴体を持ち，腹部の末端は細くなる形態をしている．雌の腹部末端はヤイトムシの名前の由来である灸法の灸（やいと，きゅう）の形に似ているのが特徴である．世界では約180種が報告されており，熱帯や亜熱帯に分布しているが，日本では南西諸島から4種が知られている．生息場所として，落ち葉の下や石の下などの他に，洞穴の入り口付近など湿っぽい環境場所を好む傾向がある．食性は肉食性でトビムシ類などを捕食することが知られている．

ムカデ綱

| 脚は多数で細長い体 | 脚は各体節に1対 | 動きが速い |

和名 トビズムカデ（オオムカデ科）　**学名** *Scolopendra mutilans*
体長 10 cm 強　**撮影地** 鹿児島県奄美大島　**環境** 常緑広葉樹林　**微環境** 葉上
撮影日 2017年9月23日
コメント 葉上でサソリモドキを捕食している．他のオオムカデと比べると攻撃性が高く，しばしば曳航肢（体の末端にある1対の肢）で挟んでくるような行動をとる．

📷 Y-3

　節足動物門多足亜門ムカデ綱（Chilopoda）に属する．形態は後述のヤスデ綱と同じように多数の節でできている細長い体と多数の脚が特徴であるが，一つの節に一対の脚を持つことでヤスデ綱との見分けは非常に簡単である．脚が多数あることからムカデの漢字名は「百足」であるが，英語名も「centipede」といい百本の脚の意味である．日本にはゲジ目，イシムカデ目，オオムカデ目，ジムカデ目が生息している．大まかな分類は成体の脚の数で可能である．ゲジやイシムカデの仲間は15対，オオムカデの仲間は21対または23対で，ジムカデの仲間は31対以上である．主な生息環境も分類群によって大まかに異なり，ゲジやオオムカデの仲間は切り株の樹皮の隙間，石の下などを好み，イシムカデやジムカデの仲間はさまざまな森林の落ち葉の下，石の下などであるが，眼を持つイシムカデの方が眼を持たないジムカデより表層を好む傾向がある．いずれの種も肉食性である．体サイズは肉眼でも確認しやすい大きさであり，比較的容易に確認することができる．

ゲジ科　Scutigeridae

- 和名 **ゲジ**
- 学名 *Thereuonema tuberculata*
- 体長 20 mm 強
- 撮影地 岩手県宮古市
- 環境 海岸
- 微環境 花上
- 撮影日 2014年9月19日
- コメント 夜間に花上で蛾が飛来するのを待ち伏せて捕食した後の個体.
- 📷 Y-3

- 和名 **オオゲジ**
- 学名 *Thereuopoda clunifera*
- 体長 70 mm 弱
- 撮影地 鹿児島県奄美大島
- 環境 常緑広葉樹林
- 微環境 地上
- 撮影日 2017年9月22日
- コメント 夜間に林内の崖地でカマドウマを捕食している.
- 📷 Y-3

イッスンムカデ科　Ethopolidae

- 和名 **イッスンムカデ**
- 学名 *Bothropolys rugosus*
- 体長 約25 mm
- 撮影地 茨城県かすみがうら市
- 環境 落葉広葉樹林
- 微環境 石・倒木・落葉下など
- 撮影日 2018年1月7日
- 📷 T-14

ムカデ綱

和名	イッスンムカデ属の一種
学名	*Bothropolys* sp.
体長	約30 mm
撮影地	茨城県桜川市
環境	落葉広葉樹低木林
微環境	石・倒木・落葉下など
撮影日	2018年5月1日
📷	T-14

イシムカデ科　Lithobiidae

和名	モモブトイシムカデ
学名	*Lithobius pachypedatus*
体長	約12 mm
撮影地	茨城県土浦市
環境	河川敷や丘陵地
微環境	石・倒木・落葉下など
撮影日	2018年4月15日
📷	T-8

和名	イシムカデ属の一種
学名	*Lithobius* sp.
体長	約15 mm
撮影地	茨城県つくば市
環境	落葉広葉樹林
微環境	倒木下
撮影日	2017年4月11日
📷	T-15

第2章 分類群

和名	イシムカデ属の一種
学名	*Lithobius* sp.
体長	10 mm強
撮影地	静岡県沼津市
環境	海岸林
微環境	石裏
撮影日	2018年1月1日

Y-7

和名	ヒトフシムカデ属の一種
学名	*Monotarsobius* sp.
体長	約9 mm
撮影地	茨城県牛久市
環境	スギ植林
微環境	落葉下
撮影日	2018年5月2日

T-15

トゲイシムカデ科　Henicopidae

和名	ゲジムカデ
学名	*Esastigmatobius japonicus*
体長	約25 mm
撮影地	茨城県東茨城郡
環境	常緑広葉樹林
微環境	石・倒木・落葉下など
撮影日	2018年1月22日

T-14

オオムカデ科　Scolopendridae

- 和名　**トビズムカデ**
- 学名　*Scolopendra mutilans*
- 体長　約100 mm
- 撮影地　茨城県つくば市
- 環境　落葉広葉樹低木林
- 微環境　石下
- 撮影日　2018年4月30日
- コメント　オオムカデ（*S. subspinipes*）との関係についてはp.83のコラム参照.
- 📷 T-14

- 和名　**アオズムカデ**
- 学名　*Scolopendra japonica*
- 体長　約80 mm
- 撮影地　茨城県つくば市
- 環境　落葉広葉樹低木林
- 微環境　石・倒木下など
- 撮影日　2018年4月30日
- 📷 T-14

メナシムカデ科　Cryptopidae

- 和名　**スジメナシムカデ**
- 学名　*Cryptops striatus*
- 体長　約13 mm
- 撮影地　千葉県香取市
- 環境　落葉広葉樹林
- 微環境　倒木の樹皮下
- 撮影日　2017年11月18日
- 📷 T-13

アカムカデ科　Scolopocryptopidae

- 和名 **セスジアカムカデ**
- 学名 *Scolopocryptops rubiginosus*
- 体長 約70 mm
- 撮影地 茨城県つくば市
- 環境 丘陵地の落葉広葉樹林
- 微環境 倒木下
- 撮影日 2017年11月20日
- 📷 T-14

- 和名 **アカムカデ属の一種**
- 学名 *Scolopocriptops* sp.
- 体長 約60 mm
- 撮影地 茨城県水戸市
- 環境 落葉広葉樹低木林
- 微環境 石下
- 撮影日 2018年11月4日
- 📷 T-14

ツチムカデ科　Geophilidae

- 和名 **ツチムカデ科の一種**
- 学名 Geophilidae sp.
- 体長 約65 mm
- 撮影地 茨城県つくば市
- 環境 落葉広葉樹低木林
- 微環境 朽木下
- 撮影日 2017年12月17日
- 📷 T-14

ベニジムカデ科　Linotaeniidae

和名	エリジロベニジムカデ
学名	*Strigamia bicolor*
体長	約25 mm
撮影地	茨城県かすみがうら市
環境	丘陵地の落葉広葉樹林
微環境	倒木下
撮影日	2018年4月14日

T-14

和名	ホソヅメベニジムカデ
学名	*Strigamia tenuiungulata*
体長	約30 mm
撮影地	和歌山県田辺市
環境	常緑広葉樹林
微環境	石裏
撮影日	2017年12月30日

Y-7

和名	ヤマトベニジムカデ
学名	*Strigamia maritima japonica*
体長	約30 mm
撮影地	東京都あきる野市
環境	スギ植林
微環境	石裏
撮影日	2018年2月12日

Y-6

マドジムカデ科　Chilenophilidae

- **和名** フタマドジムカデ
- **学名** *Pachymerium ferrugineum*
- **体長** 約40 mm
- **撮影地** 茨城県常陸大宮市
- **環境** 河川敷
- **微環境** 石下
- **撮影日** 2018年3月5日
- 📷 T-14

- **和名** ツメナシミドリジムカデ
- **学名** *Cheiletha macropalpus*
- **体長** 約10 mm
- **撮影地** 岩手県宮古市
- **環境** 落葉広葉樹林
- **微環境** 石裏
- **撮影日** 2017年8月28日
- 📷 Y-7

- **和名** ミドリジムカデ
- **学名** *Cheiletha viridicans*
- **体長** 約10 mm
- **撮影地** 茨城県東茨城郡城里町
- **環境** 落葉広葉樹低木林
- **微環境** 朽ち木下や落ち葉下
- **撮影日** 2018年1月22日
- 📷 T-14

ナガズジムカデ科　Mecistocephalidae

和名 ツメジムカデ
学名 *Arrup holstii*
体長 約30 mm
撮影地 茨城県東茨城郡城里町
環境 常緑広葉樹林
微環境 倒木下
撮影日 2018年1月22日

T-14

和名 ヒロズジムカデ
学名 *Dicellophilus pulcher*
体長 約50 mm
撮影地 茨城県水戸市
環境 丘陵地の落葉広葉樹林
微環境 倒木や朽ち木下
撮影日 2018年11月4日

T-14

コラム

トビズムカデはオオムカデと別種か？

　Vahtera *et al.*（2013）は，塩基配列情報に基づき，トビズムカデ（*Scolopendra mutilans*；p.75およびp.79に写真）はオオムカデ（*S. subspinipes*）の亜種であることと矛盾しないとした．またSiriwut *et al.*（2016）は，Vahtera *et al.*（2013）の結果と，自らの形態観察に基づいて，トビズムカデはオオムカデと同種（シノニム）の関係であると結論づけた．しかし，Kang *et al.*（2018）とHan *et al.*（2018）は，それぞれ塩基配列情報に基づいて，トビズムカデはオオムカデとは別種レベルの違いがあるとし，かつ，Han *et al.*（2018）は，トビズムカデを別種に位置づけている．この問題の解決についてはさらなる研究の進展を待ちたいが，図鑑（本書も含む）に書かれている生物の名前・分類等は確定したものではなく，現在でも意見が分かれていたり，将来書き変えられる可能性があるものだということを知っていただきたい．　〔島野智之〕

コムカデ綱

| 脚は11対か12対で体色は白 | 脚は各体節に1対 | 尾部末端に角状突起 |

ナミコムカデ科　Scutigerellidae

- 和名　ナミコムカデ
- 学名　*Hanseniella caldaria*
- 体長　約8 mm
- 撮影地　長野県佐久市
- 環境　落葉広葉樹林
- 微環境　石下
- 撮影日　2018年9月17日
- コメント　石の裏に産み付けられた卵は，表面の構造が幾何学模様で美しい．

Y-7

ヤサコムカデ科　Scolopendrellidae

- 和名　ヤサコムカデ
- 学名　*Symphylella vulgaris*
- 体長　約1.3 mm
- 撮影地　東京都あきる野市
- 環境　スギ植林
- 微環境　石下
- 撮影日　2018年8月26日

Y-9

　節足動物門多足亜門コムカデ綱（Symphyla）に属する．体長は一般に10 mm未満で白色の弱々しい感じの動物である．11対もしくは12対の脚があり，一見するとムカデの幼生に似ている．また，白色であるため，昆虫類のナガコムシ類にもよく似ているが，尾部末端には角状の突起が1対あることから，慣れてくると見分けができるようになる．乾燥に弱く，土壌中や，朽ち木下，石の下などの湿った環境を好む．食性は雑食性のものが多く，腐った落ち葉などの腐植質も食べている．体サイズは肉眼でも確認しやすく，動きも緩慢であることから，比較的容易に確認することができる．世界では220種ほどの種が報告されているが，日本にはコムカデ類を専門に研究する研究者がいないため，わずか3種しか報告されていない．

エダヒゲムシ綱

| 脚は9対 | 脚は各体節に1対 | 触角が枝分かれ |

和名 エダヒゲムシ目の一種　**学名** Tetramerocerata sp.　**体長** 1.2 mm
撮影地 東京都あきる野市　**環境** 落葉広葉樹林　**微環境** 石裏　**撮影日** 2019年2月10日
コメント 他の土壌動物にはあまりない不規則な動きで素早く歩き回る．また，止まった際には周囲を探るような感じで触角をアンテナのようにピコピコと動かす．

Y-10

　　　　　　節足動物門多足亜門エダヒゲムシ綱（Pauropoda）に属する．体長は2 mm未満であり，肉眼的にみると後述のトビムシ類に似ているが，ルーペなどで拡大してよく観察すると，触角が枝分かれしていることや成体で9対の脚を持つことで容易に区別することができる．多足類の仲間であるが，綱の学名「pauropoda」のpauroは「少ない」，podaは「脚」という意味である．これまでに全世界から約850種が報告されており，日本からは約30種が報告されているが，まだまだ研究が不十分なグループのため将来的にはもっと多くの種類が確認されると考えられる．乾燥した環境は苦手で，林床の土壌中，石の下や倒木下など湿った環境を好む．体サイズは肉眼では確認しにくい大きさであるが，ルーペなどで拡大してみると枝分かれした触角を容易に確認することができることから，観察対象にしやすい動物群である．

エダヒゲムシ科　Pauropodidae

和名 ケナガドンゼロエダヒゲムシ
学名 *Donzelotauropus undulatus*
体長 約2 mm
撮影地 和歌山県日高川町
環境 常緑広葉樹林
微環境 石下
撮影日 2017年12月29日
コメント かなり大型の種．普段見かけるのは1mm前後の種が多い．

📷 Y-7

ヨロイエダヒゲムシ科　Eurypauropodidae

和名 ニホンヨロイエダヒゲムシ
学名 *Eurypauropus japonicus*
体長 約1.5 mm
撮影地 東京都あきる野市
環境 スギ植林
微環境 石下
撮影日 2016年10月22日
コメント 普通のエダヒゲムシと比べると動きが遅くあまり不規則ではないが，触角は同様の動かし方をする．

📷 Y-5

テマリエダヒゲムシ科　Sphaeropauropodidae

和名 テマリエダヒゲムシ属の一種
学名 *Sphaeropauropus* sp.
体長 1 mm強
撮影地 山梨県北都留郡
環境 落葉広葉樹林
微環境 朽木下
撮影日 2017年5月3日
コメント テマリエダヒゲムシ科はエダヒゲムシ綱の中では唯一，危険を感じると完全に丸くなることができる．

📷 Y-5

ヤスデ綱

| 脚は多数 | 脚は各体節に2対 | 動きは遅い |

和名 アカヒラタヤスデ属の一種（ヒラタヤスデ科）
学名 *Symphyopleurium* sp. **体長** 14 mm **撮影地** 山梨県北都留郡
環境 落葉広葉樹林 **微環境** 朽木上 **撮影日** 2016年5月3日
コメント 朽木状の菌類を食べにきている．稀にかなりの数が集合していることもある． Y-4

　　　　　節足動物門多足亜門ヤスデ綱（Diplopoda）に属する．形態は前述のムカデ綱と同じように多数の節でできている細長い体と多数の脚が特徴であるが，ムカデ綱とは異なり，4節目以降は1つの節に2対の脚を持つことで見分けは非常に簡単である．そのため，英語名のmillipedeはムカデの百足より多い千本の脚の意味である．ただし，初期の幼生は脚が3対もしくは4対で体色が白色であるため，アルコール固定の個体はトビムシ類とも間違われやすい．生息環境は森林の落ち葉下，倒木や石の下だけでなく，草地，農地など，また洞穴などにも生息しており，幅広い生息環境を示す．体サイズは肉眼でも確認しやすい大きさであり，動きも緩いことから，比較的容易に確認することができる．指でつまむと独特の臭気（種によっては青酸を含むことがあるので注意が必要）を出す特徴があることや，体を丸める行動（丸めない種もいる）などから，慣れてくると興味を持ちやすい動物群である．

第2章 分類群

フサヤスデ科　Polyxenidae

- 和名　ウスアカフサヤスデ
- 学名　*Eudigraphis takakuwai*
- 体長　4.1mm
- 撮影地　東京都板橋区
- 環境　常緑広葉樹林
- 微環境　樹皮下
- 撮影日　2015年3月29日
- 📷　T-6

タマヤスデ科　Glomeridae

- 和名　タマヤスデ属の一種
- 学名　*Hyleoglomeris* sp.
- 体長　約7 mm
- 撮影地　東京都あきる野市
- 環境　スギ植林
- 微環境　石下
- 撮影日　2016年11月13日
- 📷　Y-4

ヒメヤスデ科　Julidae

- 和名　クロヒメヤスデ
- 学名　*Karteroiulus niger*
- 体長　55 mm
- 撮影地　静岡県富士宮市
- 環境　落葉広葉樹林
- 微環境　朽木上
- 撮影日　2018年8月25日
- 📷　Y-6

カザアナヤスデ科　Nemasomatidae

- 和名：ミヤマタテウネホラアナヤスデ
- 学名：*Antrokoreana takakuwai sylvestris*
- 体長：約30 mm
- 撮影地：東京都あきる野市
- 環境：落葉広葉樹林
- 微環境：石裏
- 撮影日：2018年1月2日
- Y-7

イトヤスデ科　Hirudisomatidae

- 和名：オカツクシヤスデ
- 学名：*Kiusiozonium okai*
- 体長：約18 mm
- 撮影地：和歌山県田辺市
- 環境：常緑広葉樹林
- 微環境：朽木裏
- 撮影日：2017年11月1日
- Y-7

ヒラタヤスデ科　Andrognathidae

- 和名：ヒラタヤスデ
- 学名：*Brachycybe nodulosa*
- 体長：20 mm弱
- 撮影地：和歌山県日高郡
- 環境：常緑広葉樹林
- 微環境：朽木内
- 撮影日：2017年10月31日
- Y-7

和名	タマモヒラタヤスデ
学名	*Symphyopleurium okazakii*
体長	約25 mm
撮影地	茨城県かすみがうら市
環境	丘陵地の落葉広葉樹林
微環境	倒木下
撮影日	2018年1月7日

📷 T-15

ミコシヤスデ科　Diplomaragnidae

和名	ミコシヤスデ科の一種
学名	Diplomaragnidae sp.
体長	約20 mm
撮影地	岩手県一関市
環境	落葉広葉樹林
微環境	朽木下
撮影日	2015年9月24日

📷 Y-4

ハガヤスデ科　Pyrgodesmidae

和名	ハガヤスデ
学名	*Ampelodesmus granulosus*
体長	5 mm
撮影地	東京都あきる野市
環境	落葉広葉樹林
微環境	石下
撮影日	2016年10月10日
コメント	アリの巣に共生する種で，写真に写っているのはウロコアリ属の一種.

📷 Y-5

シロハダヤスデ科　Cryptodesmidae

- **和名** マクラギヤスデ
- **学名** *Niponia nodulosa*
- **体長** 約30 mm
- **撮影地** 千葉県松戸市
- **環境** 常緑広葉樹林
- **微環境** 朽木裏
- **撮影日** 2013年1月20日
- **コメント** 成体は褐色だが，幼体は白〜薄い褐色．
- 📷 Y-2

- **和名** シロハダヤスデ属の一種
- **学名** *Kiusiunum* sp.
- **体長** 15 mm弱
- **撮影地** 和歌山県田辺市
- **環境** 常緑広葉樹林
- **微環境** 石裏
- **撮影日** 2017年12月30日
- 📷 Y-7

エリヤスデ科　Haplodesmidae

- **和名** エリヤスデ属の一種
- **学名** *Eutrichodesmus* sp.
- **体長** 約5 mm
- **撮影地** 神奈川県相模原市
- **環境** 落葉広葉樹林
- **微環境** 石下
- **撮影日** 2015年5月5日
- 📷 Y-9

第2章　分類群

ババヤスデ科　Xystodesmidae

- **和名** トラフババヤスデ
- **学名** *Parafontaria ishiii*
- **体長** 約30 mm
- **撮影地** 茨城県水戸市
- **環境** 丘陵地の常緑広葉樹林
- **微環境** 朽ち木下
- **撮影日** 2018年11月4日
- 📷 T-14

- **和名** ミドリババヤスデ
- **学名** *Parafontaria tonominea*
- **体長** 約50 mm
- **撮影地** 東京都あきる野市
- **環境** スギ植林
- **微環境** 石下
- **撮影日** 2017年6月24日
- 📷 Y-6

- **和名** ブチババヤスデ
- **学名** *Parafontaria marmorata*
- **体長** 約55 mm
- **撮影地** 和歌山県田辺市
- **環境** 常緑広葉樹林
- **微環境** 朽木下
- **撮影日** 2017年12月30日
- 📷 Y-6

和名	タカクワヤスデ属の一種
学名	*Xystodesmus* sp.
体長	約50 mm
撮影地	和歌山県田辺市
環境	常緑広葉樹林
微環境	石裏
撮影日	2017年11月1日

Y-6

和名	ババヤスデ属の一種
学名	*Parafontaria* sp.
体長	約50 mm
撮影地	栃木県日光市
環境	針葉樹林
微環境	落葉下
撮影日	2018年6月27日

T-14

オビヤスデ科　Polydesmidae

和名	オビヤスデ属の一種
学名	*Epanerchodus* sp.
体長	約10 mm
撮影地	和歌山県田辺市
環境	常緑広葉樹林
微環境	朽木下
撮影日	2017年12月30日

Y-7

和名	オビヤスデ科の一種
学名	Polydesmidae sp.
体長	約15 mm
撮影地	和歌山県日高郡
環境	常緑広葉樹林
微環境	石裏
撮影日	2017年12月29日

📷 Y-7

所属不明

和名	オビヤスデ目の一種
学名	Polydesmida sp.
体長	20 mm弱
撮影地	和歌山県日高郡
環境	常緑広葉樹林
微環境	石裏
撮影日	2017年12月29日
コメント	日本から初めて見つかったオビヤスデの仲間と思われる.

📷 Y-7

ワラジムシ目

| 脚は7対 | 小判形 | 上下に平べったい |

和名 イシダコシビロダンゴムシ（コシビロダンゴムシ科）　**学名** *Spherillo ishidai*
体長 約7mm（成体）　**撮影地** 和歌山県西牟婁郡　**環境** 海岸林　**微環境** リター層
撮影日 2017年12月31日　**コメント** 冬の暖かい日，雨上がりの落ち葉上にたくさん現れたイシダコシビロダンゴムシ．振動を察知するとすぐに落ち葉下に隠れてしまうが，そっと息を殺して近づくとヨコエビやワラジムシなどと共に落ち葉などを食べている姿を観察できた．　**Y-6**

　節足動物門甲殻綱ワラジムシ目（Isopoda）に属する．多くの人になじみ深いダンゴムシやワラジムシなどの仲間である．体長は数mm程度のものから2cm程度までである．都市域や人家周辺で見られるダンゴムシはオカダンゴムシで地中海周辺が原産地の外来種である．触るなど刺激を加えると身を丸めることから子供たちにも人気の動物である．一方，刺激を加えても丸くならないのはワラジムシ類やヒメフナムシの仲間で，都市域から森林に生息するものまで数多くの種が存在する．体は1節の頭部，胸部が7節，そして腹部が5節と多数の体節からなり，胸部の7節には1対ずつの脚（合計14本）がある．いずれも腐った落ち葉などを摂食するが，ダンゴムシは昆虫の遺体なども食する雑食性である．日本からは約140種が，世界からは1,500種以上が報告されている．体色は地味であるが，イリドウイルスに感染すると青色の個体になることが知られている．

フナムシ科　Ligiidae

- **和名** ヒメフナムシ属の一種
- **学名** *Ligidium* sp.
- **体長** 10 mm強
- **撮影地** 東京都あきる野市
- **環境** スギ植林
- **微環境** 石下
- **撮影日** 2017年12月24日
- 📷 Y-7

- **和名** ヒメフナムシ属の一種
- **学名** *Ligidium* sp.
- **体長** 10 mm強
- **撮影地** 和歌山県田辺市
- **環境** 常緑広葉樹林
- **微環境** 石下
- **撮影日** 2017年12月30日
- 📷 Y-7

ナガワラジムシ科　Trichoniscidae

- **和名** ナガワラジムシ
- **学名** *Haplophthalmus danicus*
- **体長** 3.4 mm
- **撮影地** 東京都あきる野市
- **環境** スギ植林
- **微環境** 石下
- **撮影日** 2017年2月12日
- 📷 T-8

クキワラジムシ科　Styloniscidae

- **和名** クキワラジムシ科の一種
- **学名** Styloniscidae sp.
- **体長** 約3 mm
- **撮影地** 和歌山県田辺市
- **環境** 常緑広葉樹林
- **微環境** 石下
- **撮影日** 2017年12月30日
- **コメント** この個体はメスのため正確な同定は困難.
- 📷 Y-5

ウミベワラジムシ科　Scyphacidae

- **和名** ノトチョウチンワラジムシ
- **学名** *Armadilloniscus notojimensis*
- **体長** 4 mm弱
- **撮影地** 静岡県沼津市
- **環境** 海岸林
- **微環境** 朽木下
- **撮影日** 2015年12月31日
- 📷 Y-5

タマワラジムシ科　Alloniscidae

- **和名** ニホンタマワラジムシ
- **学名** *Alloniscus balssi*
- **体長** 約3 mm
- **撮影地** 静岡県沼津市
- **環境** 海岸
- **微環境** 流木下
- **撮影日** 2018年1月1日
- 📷 Y-7

ヒメワラジムシ科　Philosciidae

- **和名** ミナミワラジムシ属の一種
- **学名** *Papuaphiloscia* sp.
- **体長** 5 mm弱
- **撮影地** 和歌山県田辺市
- **環境** 常緑広葉樹林
- **微環境** 石下
- **撮影日** 2015年12月31日
- 📷 Y-7

- **和名** トゲモリワラジムシ属の一種
- **学名** *Burumoniscus* sp.
- **体長** 6 mm強
- **撮影地** 和歌山県西牟婁郡
- **環境** 常緑広葉樹林
- **微環境** 落ち葉下
- **撮影日** 2017年12月31日
- 📷 Y-7

ホンワラジムシ科　Oniscidae

- **和名** オカメワラジムシ属の一種
- **学名** *Exallonicus* sp.
- **体長** 約3.5 mm
- **撮影地** 東京都あきる野市
- **環境** 低茎草地
- **微環境** 倒木下
- **撮影日** 2018年5月20日
- 📷 Y-9

ハヤシワラジムシ科　Agnaridae

和名	**ヤマトハヤシワラジムシ種群**
学名	*Mongoloniscus vannamei* complex
体長	7 mm強
撮影地	東京都あきる野市
環境	スギ植林
微環境	石下
撮影日	2017年2月12日

📷 Y-7

和名	**オオハヤシワラジムシ属の一種**
学名	*Lucasioides* sp.
体長	9 mm強
撮影地	東京都あきる野市
環境	スギ植林
微環境	石下
撮影日	2017年2月12日

📷 Y-6

ワラジムシ科　Porcellionidae

和名	**オビワラジムシ**
学名	*Porcellio dilatatus*
体長	約15 mm
撮影地	千葉県我孫子市
環境	低茎草地
微環境	落ち葉層
撮影日	2018年4月30日

📷 Y-2

和名	ホソワラジムシ
学名	*Porcellionides pruinosus*
体長	10 mm強
撮影地	東京都文京区
環境	落葉広葉樹林
微環境	落ち葉層
撮影日	2017年12月22日
📷	Y-7

オカダンゴムシ科　Armadillidiidae

和名	オカダンゴムシ
学名	*Armadillidium vulgare*
体長	約16 mm
撮影地	東京都八王子市
環境	道路脇の裸地
微環境	地面上
撮影日	2017年7月3日
📷	Y-7

和名	ハナダカダンゴムシ
学名	*Armadillidium nasatum*
体長	約14 mm
撮影地	東京都八王子市
環境	道路脇の裸地
微環境	地面上
撮影日	2017年7月3日
📷	Y-7

ワラジムシ目

| コシビロダンゴムシ科　Armadillidae |

- 和名 **セグロコシビロダンゴムシ**
- 学名 *Spherillo dorsalis*
- 体長 10 mm弱
- 撮影地 東京都あきる野市
- 環境 スギ植林
- 微環境 石下
- 撮影日 2017年6月24日
- 📷 Y-7

- 和名 **トウキョウコシビロダンゴムシ**
- 学名 *Spherillo obscurus*
- 体長 約9 mm
- 撮影地 東京都文京区
- 環境 落葉広葉樹林
- 微環境 朽木下
- 撮影日 2017年12月22日
- 📷 Y-7

- 和名 **シッコクコシビロダンゴムシ**
- 学名 *Spherillo* sp.
- 体長 約8 mm
- 撮影地 和歌山県日高郡
- 環境 常緑広葉樹林
- 微環境 朽木下
- 撮影日 2017年11月3日
- 📷 Y-7

第2章 分類群

和名	イシダコシビロダンゴムシ
学名	*Spherillo ishidai*
体長	約7 mm
撮影地	和歌山県西牟婁郡
環境	海岸林
微環境	朽木下
撮影日	2017年12月31日
📷	Y-7

ハマダンゴムシ科　Tylidae

和名	ハマダンゴムシ
学名	*Tylos granuliferus*
体長	約20 mm
撮影地	和歌山県日高郡
環境	海岸
微環境	砂浜上
撮影日	2017年10月31日
📷	Y-7

■コラム

ヨコエビ

　ヨコエビ類は節足動物門 甲殻亜門 ヨコエビ目（端脚目）に属し，いわゆるワレカラとクジラジラミを除いた分類群の総称である．体の左右どちらかの面を下にして移動することが多いため，ヨコエビと呼ばれる．身体を横にしても縦にしても移動でき，また，陸生のものは飛び跳ねる姿がよく見受けられる．一般的なエビ類（十脚目）よりもワラジムシやダンゴムシなど（等脚目）に近縁．生息環境は深海から汽水，淡水，陸域まで幅広い．日本では土壌環境中に出現するのはハマトビムシ科に限られる．　〔島野智之〕

ハマトビムシ科（Talitridae）の一種．体長10 mm強，朽木上．撮影機材：Y-7

トビムシ目

| 脚は3対 | 体サイズは小型 | 粘管(腹管)がある |

フシトビムシ亜目イボトビムシ科

フシトビムシ亜目シロトビムシ科

フシトビムシ亜目アヤトビムシ科

マルトビムシ亜目クモマルトビムシ科

　節足動物門内顎綱トビムシ目（Collembola）に属する．内顎綱は昆虫に近縁だが，より原始的なグループで，昆虫綱と共に六脚上綱をなす．体長0.3 mmから大きいもので数mmに達する．腹部に腹管（粘管）と尾部に跳躍器と呼ばれる器官を持つことが特徴なので，粘管目，弾尾目ともいう．体型もさまざまで，丸型，ずんぐり型，ほっそり型，スマート型など多様である．また，体色も白色，黄色，赤色などと多様であり，中には刺激を受けると発光する種もいる．ツルグレン装置を用いて土壌動物を抽出すると，ダニ類と並んで最も多く抽出される動物群である．小さな体ながらピョンピョンと大きく飛び跳ねるさまからその名が付けられた．跳躍器で地面を叩きその反動を利用して飛び上がる．英語名も跳躍器にちなんだspringtailという．種によっては集団発生をすることもあり，中には農業被害を起こすこともある．

　大きく以下の3亜目に分かれている．

フシトビムシ亜目：形態はさまざまで，細長い形状の種もいれば，小判のような形状の種もいる．共通するのは胸部と腹部の体節が明瞭であることである．ミズトビムシ上科，イボトビムシ上科，アヤトビムシ上科に3上科に分かれるが，この本ではイボトビムシ上科とアヤトビムシ上科について掲載する．イボトビムシ上科の多くの種は形態がずんぐりとしている小判状な

第2章　分類群

のが特徴である．アヤトビムシ上科はほっそりとした形態をしているのが特徴である．

ミジントビムシ亜目／マルトビムシ亜目：形態は共に丸っぽい．体節が融合しているためフシトビムシのようには体節が区別できない．触角が短く，眼がなく，後者より小型なのはミジントビムシ亜目で，触角は頭より長く，眼があるのはマルトビムシ亜目である．

■コラム

トビムシの体系

トビムシ類の高次分類体系は近年大きく変化している．また，現在のところトビムシの分類階級を「綱」とするか「目」とするかについても，結論は出ていない．

本書におけるトビムシ類の分類・学名についての表記は，原則として『日本産土壌動物 第二版』（青木淳一編，2015）の中の「トビムシ目」の分類体系に従っている．この文献が出版された当時は，以下の3つの体系が世界では並行して用いられていた．

① Arthropleona（Poduromorpha + Entomobryomorpha），Neelipleona，
　 Symphypleona（狭義）の3グループ

② Poduromorpha，Entomobryomorpha，Symphypleona（広義＝Neelipleona +
　 Symphypleona（狭義））の3グループ

③ Poduromorpha，Entomobryomorpha，Neelipleona，Symphypleona（狭義）
　 の4グループ

『日本産土壌動物 第二版』では①の体系が採用されているが，Janssens & Christiansen（2011）や，Ruggiero（2015）などで採用されている③の体系が，現在は主流となっているのではないだろうか．ただし，いまだに結論が出ているとは言えず，今後もさらなる変動が起こることは予想される．

Bellinger et al.（1996–2019）によるウェブサイトでも，③の体系が採用されている．ここでは，世界のトビムシのほぼ全種が網羅され，それらの分類体系も最新の知見に基づいて更新されており，しかもそれぞれの分類体系を採用する根拠となった論文も示されていて，たいへん有用である．現在最も多くの研究者に参照されている体系のひとつと言えるだろう．

これら各体系の詳細や体系間の対応について，興味のある方，およびより専門的な知識が必要な方は，下記に示す文献やウェブサイトを参照していただくとよいだろう．　　　　〔島野智之〕

・一澤　圭ほか（2015）：トビムシ目（粘管目）．日本産土壌動物 第二版：分類のための図解検索（青木淳一編），pp.1093–1482，東海大学出版部．

・Janssens, F. and Christiansen, K. A.（2011）：Class Collembola Lubbock, 1870. In: Animal biodiversity: An outline of higher-level classification and survey of taxonomic richness. (Zhang, Z.-Q. ed.), *Zootaxa*, 3148：192–194.

・Ruggiero, M. A., et al.（2015）：A Higher level classification of all living organisms. *PLoS ONE*, 10：e0119248.

・Bellinger, P. F., *et al.*（1996–2019）：Checklist of the Collembola of the World. http://www.collembola.org

ムラサキトビムシ科　Hypogastruridae

和名	ムラサキトビムシ属の一種
学名	*Hypogastrura* sp.
体長	約1.6 mm
撮影地	東京都板橋区
環境	常緑広葉樹林
微環境	倒木下
撮影日	2014年3月12日

T-21

和名	マダラムラサキトビムシ属の一種
学名	*Schaefferia* sp.
体長	約1.3 mm
撮影地	東京都板橋区
環境	常緑広葉樹林
微環境	朽木下
撮影日	2015年3月29日

T-6

シロトビムシ科　Onychiuridae

和名	エビガラトビムシ
学名	*Homaloproctus sauteri*
体長	約4 mm
撮影地	岩手県宮古市
環境	落葉広葉樹林
微環境	石下
撮影日	2018年12月8日

Y-7

第2章　分類群

- **和名** シロトビムシ亜科の一種
- **学名** Onychiurinae sp.
- **体長** 約0.9 mm
- **撮影地** 東京都あきる野市
- **環境** スギ植林
- **微環境** 石下
- **撮影日** 2017年2月12日
- 📷 T-4

- **和名** シロトビムシ亜科の一種
- **学名** Onychiurinae sp.
- **体長** 約0.8 mm
- **撮影地** 茨城県つくば市臼井
- **環境** 落葉広葉樹林
- **微環境** 朽木下
- **撮影日** 2018年1月6日
- 📷 T-4

- **和名** ホソシロトビムシ亜科の一種
- **学名** Tullbergiinae sp.
- **体長** 約1 mm
- **撮影地** 茨城県つくば市臼井
- **環境** 落葉広葉樹林
- **微環境** 朽ち木下
- **撮影日** 2018年1月6日
- 📷 T-4

ヒシガタトビムシ科　Odontellidae

和名	チビサメハダトビムシ
学名	*Xenyllodes armatus*
体長	約1 mm
撮影地	茨城県つくば市
環境	落葉広葉樹林
微環境	切り株上
撮影日	2014年9月27日

T-23

和名	ツノナガヒシガタトビムシ
学名	*Superodontella distincta*
体長	約2 mm
撮影地	茨城県つくば市
環境	落葉広葉樹林
微環境	切り株上
撮影日	2014年9月27日

T-23

イボトビムシ科　Neanuridae

和名	キボシアオイボトビムシの一亜種
学名	*Morulina gilvipunctata* ssp.Nov.
体長	4 mm
撮影地	青森県十和田市
環境	落葉広葉樹林
微環境	倒木下
撮影日	2014年9月14日
コメント	未熟な粘菌を食べている.

Y-4

和名	オオアオイボトビムシ
学名	*Morulina alata*
体長	約3.5 mm
撮影地	岐阜県飛騨市
環境	落葉広葉樹林
微環境	タマゴタケの表面
撮影日	2018年9月20日

Y-9

和名	ヒメイボトビムシ亜属の一種
学名	*Deutonura* sp.
体長	2 mm弱
撮影地	岐阜県飛騨市
環境	落葉広葉樹林
微環境	倒木下
撮影日	2018年9月23日

Y-9

和名	モミイボトビムシ
学名	*Deutonura abietis*
体長	3 mm弱
撮影地	長野県伊那市
環境	落葉広葉樹林
微環境	倒木下
撮影日	2018年9月23日

Y-9

トビムシ目

和名	チビアミメイボトビムシ
学名	*Vitronura pygmaea*
体長	1mm弱
撮影地	岐阜県飛騨市
環境	落葉広葉樹林
微環境	落ち葉の裏側
撮影日	2018年9月20日

📷 Y-9

和名	イエテイフクロイボトビムシ
学名	*Propeanura ieti*
体長	2 mm強
撮影地	岐阜県飛騨市
環境	落葉広葉樹林
微環境	倒木下
撮影日	2018年9月19日

📷 Y-9

和名	ミナミイソホソイボトビムシ
学名	*Yuukianura pacifica*
体長	約2.5 mm
撮影地	静岡県沼津市
環境	海岸
微環境	石下
撮影日	2015年12月30日

📷 Y-4

第 2 章　分類群

和名	ザウテルアカイボトビムシ
学名	*Lobella sauteri*
体長	約 2 mm
撮影地	和歌山県田辺市
環境	スギ植林
微環境	石下
撮影日	2017年12月30日

📷 Y-4

和名	ヤマトビムシ亜科の一種
学名	*Pseudachorutinae sp.*
体長	約 2 mm
撮影地	東京都檜原村
環境	落葉広葉樹林
微環境	朽木上
撮影日	2014年6月21日
コメント	未熟な粘菌を食べている.

📷 Y-4

和名	ヤマトビムシ亜科の一種
学名	*Pseudachorutinae sp.*
体長	約 2 mm
撮影地	茨城県つくば市
環境	落葉広葉樹林
微環境	切り株上
撮影日	2015年9月14日

📷 T-12

ツチトビムシ科　Isotomidae

和名 ヒメツチトビムシ亜科の一種
学名 *Proisotominae* sp.
体長 約1 mm
撮影地 和歌山県田辺市
環境 照葉樹林
微環境 朽木下
撮影日 2017年12月30日
T-4

和名 ミドリトビムシ
学名 *Isotoma viridis*
体長 3.5 mm強
撮影地 東京都板橋区
環境 常緑広葉樹林
微環境 石下
撮影日 2014年12月6日
T-2

トゲトビムシ科　Tomoceridae

和名 トゲトビムシ属の一種
学名 *Tomocerus* sp.
体長 4 mm弱
撮影地 岩手県宮古市
環境 落葉広葉樹林
微環境 雪上
撮影日 2014年12月30日
Y-2

第2章　分類群

和名	ホラトゲトビムシ属の一種
学名	*Plutomurus* sp.
体長	約1.8 mm
撮影地	茨城県つくば市臼井
環境	落葉広葉樹林
微環境	朽木下
撮影日	2018年1月6日

T-4

キヌトビムシ科　Oncopoduridae

和名	カギキヌトビムシ
学名	*Harlomillsia oculata*
体長	約0.8 mm
撮影地	東京都板橋区
環境	落葉広葉樹林
微環境	木片の下
撮影日	2015年1月19日

T-7

アリノストビムシ科　Cyphoderidae

和名	アリノストビムシ亜科の一種
学名	Cyphoderinae sp.
体長	約0.6 mm
撮影地	東京都板橋区
環境	常緑広葉樹林
微環境	ウメマツアリの巣内
撮影日	2015年2月21日
コメント	ウメマツアリの有翅雌個体の上に乗っている．好蟻性生物である．

T-6

オウギトビムシ科　Paronellidae

和名 クロフヒゲナガトビムシ
学名 *Salina bicincta*
体長 2 mm弱
撮影地 東京都青梅市
環境 落葉広葉樹林
微環境 朽木下
撮影日 2014年5月3日
📷 Y-2

和名 アヤヒゲナガトビムシ
学名 *Salina speciose*
体長 約2.5 mm
撮影地 岩手県宮古市
環境 落葉広葉樹林
微環境 石下
撮影日 2013年11月23日
📷 Y-2

和名 ヤマトオウギトビムシ
学名 *Callyntrura japonica*
体長 3 mm弱
撮影地 東京都あきる野市
環境 スギ植林
微環境 石下
撮影日 2019年2月10日
📷 Y-7

アヤトビムシ科　Entomobryidae

和名	ザウテルアヤトビムシの類似種
学名	*Homidia* cf. *sauteri*
体長	3 mm 強
撮影地	東京都あきる野市
環境	スギ植林
微環境	石下
撮影日	2018年12月30日
📷	Y-7

和名	ハゴロモトビムシ亜科の一種
学名	Lepidocyrtinae sp.
体長	約1.2 mm
撮影地	東京都板橋区
環境	落葉広葉樹林
微環境	落ち葉下
撮影日	2015年1月19日
📷	T-6

ミジントビムシ科　Neelidae

和名	ケシトビムシ属の一種
学名	*Megalothorax* sp.
体長	約0.4 mm
撮影地	東京都板橋区
環境	落葉広葉樹林
微環境	落葉下や朽木下
撮影日	2015年1月7日
📷	T-7

和名	ミジントビムシ属の一種
学名	*Neelides* sp.
体長	約0.4 mm
撮影地	東京都板橋区
環境	落葉広葉樹林
微環境	落葉下や朽木下
撮影日	2015年9月22日
📷	T-7

オドリコトビムシ科　Sminthurididae

和名	ミズマルトビムシ
学名	*Sminthurides aquaticus*
体長	0.4 mm（左：雄），0.8 mm（右：雌）
撮影地	東京都あきる野市
環境	スギ植林
微環境	水際の石上
撮影日	2019年4月20日
コメント	雄が触角で雌の触角を把握する求愛行動をとる.
📷	Y-10

ヒメツメマルトビムシ科　Arrhopalitidae

和名	ヒトツメマルトビムシの類似種
学名	*Arrhopalites* cf. *minutus*
体長	約0.5 mm
撮影地	東京都あきる野市
環境	スギ植林
微環境	石下
撮影日	2016年1月10日
📷	Y-5

和名	ヒトツメマルトビムシ属の一種
学名	*Arrhopalites* sp.
体長	約0.8 mm
撮影地	茨城県つくば市臼井
環境	落葉広葉樹林
微環境	朽ち木下
撮影日	2018年1月6日

T-26

ヒメマルトビムシ科　Katiannidae

和名	キイロヒメマルトビムシ
学名	*Sminthurinus pallescens*
体長	1 mm弱
撮影地	東京都あきる野市
環境	スギ植林
微環境	石下
撮影日	2016年3月21日

Y-5

和名	モンツキヒメマルトビムシ
学名	*Sminthurinus trinotatus*
体長	1 mm弱
撮影地	栃木県那須郡那須町
環境	落葉広葉樹林
微環境	落葉下
撮影日	2014年10月22日

T-19

トビムシ目

マルトビムシ科　Sminthuridae

和名 オウギマルトビムシ
学名 *Neosminthurus mirabilis*
体長 約1 mm
撮影地 岐阜県飛騨市
環境 落葉広葉樹林
微環境 キノコ上
撮影日 2018年9月20日
Y-9

和名 オニマルトビムシ
学名 *Sphyrotheca multifasciata*
体長 約1.5 mm
撮影地 岩手県宮古市
環境 落葉広葉樹林
微環境 倒木下
撮影日 2015年9月20日
Y-5

和名 ヤマトフトゲマルトビムシ
学名 *Lipothrix japonica*
体長 約1 mm
撮影地 山梨県北都留郡
環境 落葉広葉樹林
微環境 石下
撮影日 2016年6月7日
Y-5

第2章　分類群

和名	マルトビムシ科の一種
学名	*Sminthuridae sp.*
体長	約2 mm
撮影地	徳島県三好市
環境	落葉広葉樹林
微環境	倒木下
撮影日	2016年7月15日

📷 Y-5

和名	マルトビムシ科の一種
学名	*Sminthuridae sp.*
体長	約1.7 mm
撮影地	東京都板橋区
環境	落葉広葉樹林
微環境	落葉上
撮影日	2016年4月6日

📷 T-4

クモマルトビムシ科　Dicyrtomidae

和名	コシジマルトビムシ
学名	*Dicyrtomina leptothrix*
体長	2 mm弱
撮影地	岩手県宮古市
環境	落葉広葉樹林
微環境	雪上
撮影日	2014年12月31日

📷 Y-5

118

和名	ウエノコンボウマルトビムシの類似種
学名	*Papirioides* cf. *uenoi*
体長	約2 mm
撮影地	山梨県北杜市
環境	落葉広葉樹林
微環境	倒木下
撮影日	2015年7月19日

Y-4

和名	アカマダラマルトビムシ
学名	*Ptenothrix janthina*
体長	2 mm弱
撮影地	岐阜県飛騨市
環境	落葉広葉樹林
微環境	倒木下
撮影日	2018年9月19日

Y-9

和名	セグロマルトビムシ
学名	*Ptenothrix corynophora*
体長	2 mm弱
撮影地	岩手県一関市
環境	落葉広葉樹林
微環境	倒木下
撮影日	2014年9月7日
コメント	菌類を食べている.

Y-5

和名	タテヤママルトビムシの類似種
学名	*Ptenothrix* cf. *tateyamana*
体長	約 3 mm
撮影地	岐阜県飛騨市
環境	落葉広葉樹林
微環境	菌類の上
撮影日	2018年9月20

Y-9

和名	ミツワマルトビムシ
学名	*Ptenothrix tricycla*
体長	約 1.5 mm
撮影地	岩手県北上市
環境	落葉広葉樹林
微環境	苔上
撮影日	2013年5月25日

Y-2

和名	フイリマルトビムシ
学名	*Ptenothrix vittata*
体長	約 1.7 mm
撮影地	東京都板橋区
環境	河川敷
微環境	倒木下
撮影日	2017年5月28日

T-4

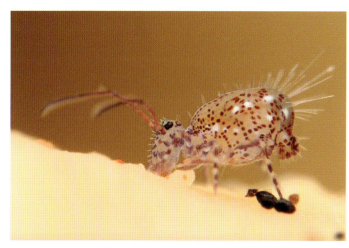

和名	シママルトビムシ
学名	*Ptenothrix denticulata*
体長	2 mm弱
撮影地	東京都あきる野市
環境	スギ植林
微環境	キノコ上
撮影日	2015年6月28日
コメント	トビムシの下にある黒いものはこの個体が排泄した糞.

📷 Y-5

和名	ニシキマルトビムシ属の一種
学名	*Ptenothrix* sp.
体長	約1.4 mm
撮影地	茨城県つくば市
環境	落葉広葉樹林
微環境	切り株の苔上
撮影日	2015年9月14日

📷 T-23

和名	クモマルトビムシ科の一種
学名	Dicyrtomidae sp.
体長	約2 mm
撮影地	徳島県三好市
環境	落葉広葉樹林
微環境	石下
撮影日	2016年7月15日

📷 Y-5

第2章　分類群

和名	クモマルトビムシ科の一種
学名	Dicyrtomidae sp.
体長	1 mm強
撮影地	山梨県富士吉田市
環境	落葉広葉樹林
微環境	石下
撮影日	2017年3月11日

Y-5

和名	クモマルトビムシ科の一種
学名	Dycyrtomidae sp.
体長	1 mm強
撮影地	東京都あきる野市
環境	スギ植林
微環境	石下
撮影日	2016年2月21日
コメント	右の雄が左の雌に対して求愛行動をしているところ。

Y-4

カマアシムシ目

| 脚は3対で前肢は鎌状 | 触角はない | 半透明〜茶褐色 |

和名 クシカマアシムシ科の一種　**学名** Acerentomidae sp.　**体長** 約0.9 mm
撮影地 福島県耶麻郡　**環境** 落葉広葉樹林　**微環境** 落葉下　**撮影日** 2017年5月18日
コメント 前肢を振り上げて歩くようすが和名の由来で，触角としての役割を果たす．

T-11

　　　　カマアシムシ目（Protura）は前述のトビムシ目，後述のコムシ目とともに節足動物門内顎綱というグループに属する．眼や触角，翅はない．体長は1〜2 mm，頭部はドングリのような特徴的な形をしており，胴体は細長く，半透明から薄い茶褐色の体色をしている．前肢（前脚）を鎌のように振り上げている姿からカマアシムシと呼ばれる．前肢には特殊な毛が生えており，それが触角がわりとなって周囲の状況を確認している．成長段階が進むに伴い，腹部体節数が増えるなどの特徴がある．人為的攪乱に対して敏感なため，環境指標生物として有効なグループである．日本からは約90種が報告されている．

コムシ目

脚は3対 | 数珠状の細長い触角 | 鞭状か鋏状の尾角を持つ

和名 ウロコナガコムシ（ナガコムシ科）　**学名** *Lepidocampa weberi*　**体長** 4 mm強
撮影地 東京都あきる野市　**環境** スギ植林　**微環境** 石下　**撮影日** 2016年4月24日
📷 Y-5

　　コムシ目（Diplura）は前述のトビムシ目，カマアシムシ目とともに節足動物門内顎綱に属する．体長は3〜10 mm程度の細長い形で，体色は白色である．眼や翅を持たない．数珠状の細長い触角を持ち，腹部末端に1対の鞭状尾または鋏状突起（あわせて尾角という）を持ち，それぞれナガコムシ，ハサミコムシと名付けられている．前者は菌類や落ち葉などを摂食するが，後者は鋏を使って獲物を捕まえ摂食する捕食者である．日本からは13種が報告されている．

ナガコムシ科　Campodeidae

- **和名** ナガコムシ属の一種
- **学名** *Campodea* sp.
- **体長** 約3.5 mm
- **撮影地** 山梨県富士吉田市
- **環境** 落葉広葉樹林
- **微環境** 朽木下
- **撮影日** 2017年3月11日
- 📷 Y-7

ハサミコムシ科　Japygidae

- **和名** ヤマトハサミコムシ
- **学名** *Occasjapyx japonicus*
- **体長** 約10 mm
- **撮影地** 千葉県我孫子市
- **環境** 落葉広葉樹林
- **微環境** プランター下
- **撮影日** 2017年10月27日
- 📷 Y-7

ガロアムシ目

| 脚は3対で尾突起は2本 | 細長い触角を持つ | 前胸背板が大きい |

- **和名** ガロアムシ（ガロアムシ科）　**学名** *Galloisiana nipponensis*（Grylloblattidae）
- **体長** 約20 mm　**撮影地** 茨城県久慈郡　**環境** 落葉広葉樹林　**微環境** 石下
- **撮影日** 2018年11月27日
- Y-6

　節足動物門昆虫綱ガロアムシ目（Grylloblattodea）に属する．
　日本で最初に発見したフランスの外交官 E. Gallois（ガロア）の名前にちなんで名付けられた．体長20 mm前後で翅を持たない．最大の特徴は頭部から続く前胸背板が中胸，後胸のそれより長く大きいことが挙げられる．尾端に1対の鞭状の尾角を持つ．不完全変態で，幼虫時の体色は白いが成長するにしたがって茶褐色を帯びるようになる．

第3章　野外におけるマクロ撮影方法

　野外で土壌動物を撮影している方は，倍率に物足りなさを覚え，高い倍率を得られたと思ったら不鮮明だったりして悩む方が多いのではないかと思う．これから超高倍率撮影を始めようとしても，わずか数mmの動く被写体を撮影するための方法について紹介している本が少ないため，情報を得ることが難しいのではないだろうか．そんな方々が少しでも美しく，格好良く土壌動物を撮影できるよう，詳しく紹介していきたい．

3-1　はじめに

　デジタルカメラはレンズと一体型であるコンパクトデジタルカメラ（コンデジ）と，レンズを交換できるデジタル一眼カメラに大別できる．コンデジはセンサーサイズが小さく，お手軽に高倍率で撮影できるのに対し，デジタル一眼カメラはレンズを交換でき，センサーサイズが大きいため高精細な高倍率撮影ができる利点がある．

3-2　コンパクトデジタルカメラを使う場合

　最近のコンデジはマクロ性能が良いものが発売されており，簡単に高倍率で撮影することができる．また，コンデジにクローズアップレンズを付けて高倍率撮影するという手法もあるので，合わせて紹介する．

　マクロ機能に特化したコンデジがオリンパスやリコーから発売されている．ここでは多様な撮影機能があるオリンパスのThough TG-5について説明する．

　本機のアクセサリーとして販売されているフラッシュディフューザーFD-1やLEDライトガイドLG-1は，土壌動物撮影に非常に有用であり，持っているとさまざまな撮影シーンで活用できる．TG-5には被写界深度を深められる深度合成という機能や，マクロモードのストロボ撮影時の絞りが選択可能（TG-2では最小絞り固定），ストロボ調光機能，スローシンクロの設定，RAW撮影など多くの機能が追加されており，より土壌動物の撮影を楽しめる．

3-2-1　クローズアップレンズを使う

　マクロ機能に弱いコンデジでも，クローズアップレンズを用いてマクロ撮影を行うことができる．特に高い拡大率（超マクロ）を望むならば，広角端からおおよそ20倍以上のズーム倍

第3章　野外におけるマクロ撮影方法

率（高倍率ズーム）をもつコンデジがおすすめである.

　クローズアップレンズは，撮影レンズの前面に取り付けることで最短撮影距離を縮め，お手軽に近接撮影ができるアイテムである．ケンコーから出ているものが一般的だが，Raynoxのマクロコンバージョンレンズとして売られているものは，より高品質に設計されているのでおすすめである．また，Raynoxにはユニバーサルアダプター（UAC2000・UAC3500）があり，52～67 mm径までのフィルターがあればワンタッチで取り付けることができる．筆者（塚本）が所有するRaynoxは倍率の高いMSN-202であるが，低倍率から高倍率のものまでそろっており，詳細はRaynoxのウェブページ（http://www.raynox.co.jp/）等で確認できる.

　「ネオ一眼」と呼ばれる一眼レフに似た形をした高倍率ズーム機は，フィルターネジが切ってあるほか，テレコンを付けるためのアダプターも存在するので，クローズアップレンズを取り付けるのに最適である.

　ここで紹介する高倍率ズーム機は，パナソニックから2007年に発売されたFZ-18という古い機種．光学18倍のズーム倍率を持ち，望遠側で504 mm相当である．現行機種に比べるとズーム倍率は低いが，高倍率のRaynoxを使うことで十分に拡大させることができる．10年以上前に発売されたこともあり，現在ではオークションなどで安く購入することができる.

　本機が高倍率マクロ撮影に適しているのは，テレコンを取り付けるためのアダプター（パナソニック製，DMW-LA3）が存在するのが大きな理由である．このアダプターを使うことで，Raynoxを簡単に取り付けることができる．FZ150やFZ200にも同様のもの（同上，DMW-LA5）があるので，これらの機種もおすすめである.

3-3　デジタル一眼カメラ（一眼レフ・ミラーレス一眼）を使う場合

　コンデジを使用したお手軽な高倍率撮影とは違い，デジタル一眼カメラを使う場合は，倍率に合わせてレンズを変えたり設定を変更したり外部ストロボを使ったり…と大変なことだらけ．それでも，写し出された写真を見て肉眼では見えない世界に驚くはず．そして高精細な写真は簡易的な同定にも使えることがある．説明することが多いので，段階を追って紹介したい.

3-3-1　カメラ

　土壌動物撮影に適したカメラは，次の2つの特徴があるとよい.

①液晶画面が可動なカメラ：上下左右に液晶画面を動かせる「バリアングル液晶」もしくは，上下に液晶画面を動かせる「チルト液晶」

②イメージセンサーの小さなカメラ

　①について，土壌動物は非常に小さい種が多いので，低い位置から撮影しようとすると必然的にカメラの位置も低くする必要がある．そうすると，ファインダーを覗くのではなく，モニ

128

ターで画面を見ながら撮影できる機能（ライブビュー撮影）があるととても役立つ．また，モニターの画面をさまざまな角度に回せるため，低い位置からだけではなく，真上から見下ろすように撮影する際にも便利である．

②のイメージセンサーとは画像を電子信号にするCCDやCMOSのような撮影素子（フィルムカメラでいえばフィルム）である．これが小さいことによる大きな利点は，例えばイメージセンサーの小さなカメラで使用すると，同じ倍率のマクロレンズでもイメージセンサーの大きなカメラで撮影するより大きく写すことができる点である．

同じレンズを使用してもイメージセンサーのサイズによって以下のように画角が変わるため，次項で説明する，接写リングやエクステンションチューブ（焦点距離を短くして撮影倍率を上げる器具），テレコンバーター（焦点距離を伸ばして撮影倍率をあげる器具）を使用しなくても，フルサイズ機を使用するより高い倍率で撮影することが可能になる．

筆者は画質と倍率のバランスが良いセンサーサイズがAPS-Cのカメラを使用しているが，フルサイズ機と比べると倍率が2倍になるマイクロフォーサーズ機も，マクロ撮影に向いている．

3-3-2　レンズ

一般的に市販されているマクロレンズは等倍までのものが多いが，中には2倍や5倍までの超高倍率マクロ撮影ができるものも発売されている．以下で筆者（吉田）が紹介するレンズ以外にも，Canon MP-E65 mm F2.8 1-5×マクロフォト，Mitakon 20 mm f/2 4.5x Super Macro Lensなどが挙げられる．さらに倍率を上げる場合は，エクステンションチューブやテレコンバーターをカメラとレンズの間に挟んで使用する．

接写リングやエクステンションチューブは，画質の劣化やファインダー像の暗さをあまり気にせず倍率を上げることができるが，繋げれば繋げるほど焦点距離が短くなっていくため，被写体との距離が取れなくなり，エクステンションチューブだけで倍率を上げるのは限界がある．

テレコンバーターは1.4倍〜2倍ほどのものがあり，簡単に倍率を上げることができる．ただし，解像度の低下や，色のにじみが出ることと，テレコンバーターの倍率によって実質的な絞り値が倍率によって1〜2段分ほど暗くなるのが欠点である．また，テレコンバーターは望遠レンズ用の設計のものもあるので，実際に組み合わせる予定のマクロレンズと使用できるかどうかは事前に調べておく必要がある．

また，クローズアップレンズを焦点距離の長いマクロレンズに装着して高倍率撮影する方法もあり，お手軽で重くならないためオススメである．

(a)　市販されているマクロレンズ

はじめに紹介したとおり，一般的なマクロレンズとしては最大でも等倍までのものが多いが，筆者（吉田）は近年発売されたVenus Optics社製の以下の2つのレンズを愛用している（写真3-1，3-2）．いずれの写真もCanon 70Dに装着し，レンズは最大倍率時の状態である．

LAOWA 60 mm F2.8 Ultra-Macroは無限遠から2倍（筆者が使用しているCanon 70Dだとフルサイズ換算で3.2倍）となり，画面横幅が約1.1 cmいっぱいに写る．また，LAOWA

25 mm F2.8 2.5-5X ULTRA MACROは2.5倍から5倍まで撮影でき，2.5倍（同上，4倍）で画面横幅が約8.7 mmいっぱい，5倍（同上，8倍）では画面横幅が約4.4 mmいっぱいに写る．それでも対処しきれない被写体に対しては，それぞれのレンズにエクステンションチューブやテレコンバーターを組み合わせて使用している（写真3-3 〜 3-6）．

　どちらのレンズも，ワーキングディスタンスがある程度確保されているためエクステンショ

写真 3-1　LAOWA 60 mm F2.8 Ultra-Macro

写真 3-2　LAOWA 25 mm F2.8 2.5-5X Ultra Macro

写真 3-3　LAOWA 60 mm F2.8 Ultra Macro
／3.2倍（フルサイズ換算）／ネッタイコシビロダンゴムシ属の一種（体長約10mm）

写真 3-4　エクステンションチューブ 25mm ＋ LAOWA 60 mm F2.8 Ultra Macro
／約5.8倍（フルサイズ換算）／コシビロザトウムシ（体長約4mm）

写真 3-5　LAOWA 25 mm
／8倍（フルサイズ換算）／ヒメマメザトウムシ（体長約1.6mm）

写真 3-6　エクステンションチューブ 93mm 分＋ LAOWA 25 mm
／15.9倍（フルサイズ換算）／ウデナガダニ属の一種（体長約0.5mm）

ンチューブと相性がよく，高倍率でも画質は良好である．

(b) RMSマクロレンズ，ベローズ用レンズ

RMS（Royal Microscopical Society）マウントは，顕微鏡対物レンズと同じM20.32 mm（P0.706 mm）規格のネジマウントで，カメラマウントとしてよりも顕微鏡関連で普及しているマウントである．通常のカメラマウントと比べるとかなり小さく，このマウント規格のレンズは高倍率専用のマクロレンズとなっており，本体に絞りリングのみが付いている．レンズ自体も非常に小さいので，ローアングルなどさまざまな角度で撮影しやすい利点がある．ピントリングが無いので，焦点調節や倍率調節はベローズや接写リングで調整しなければならない．また絞りは固定され，露出倍率も含めてファインダー像が非常に暗くなるため，補助光を使わなければピント合わせが難しい欠点がある．

40〜50年ほど前には各社からこのRMSマクロレンズがいくつか発売されていたが，現在ではほとんどが生産されておらず，中古カメラショップやオークションなどから入手するのが一般的である．しかしながら入手は容易でなく，見つかったとしても状態が悪かったりするのが難点である．

特殊なマウントとなるため，専用のアダプターも少なく，中古市場で出回っている物に限られてしまう．しかし，RMSマウントからCマウントに変換するマウントアダプターを使えば，そこから各カメラのマウントへ容易に変換することができる．筆者（塚本）は，RMSマウントからTマウントに変換するアダプターを用いて，さらにTマウント-Kマウントアダプターを改造して取り付けている（写真3-7）．

写真3-7 RMSレンズをKマウントで使用できる状態に改造
左：RMSマクロレンズをつけていない状態，右：つけた状態．

撮影倍率は焦点距離が長いレンズほど低倍率となる．例えば焦点距離が40 mmのレンズをマウントアダプターで直付けすると，塚本が使用しているペンタックスのAPS-C機では約0.75倍となる．直付けの倍率以上にする場合はカメラ本体とレンズの間にベローズやエクステンションチューブ（接写リング）を使用し，その間の距離を調節することで倍率調節をする．

以下に筆者（塚本）が普段使っているRMSマクロレンズを紹介する（写真3-8）．

①，⑤ Carl Zeiss Luminar 16,25 mm

接写装置（ウルトラフォト）用として販売されていたマクロレンズ．Luminarシリーズは生産時期によりバージョンがいくつかある．最も新しいものはドットルミナーとして知られるが，こちらは価格が非常に高く，写りは改良されているものの，絞り羽根の枚数が少ない．

第3章 野外におけるマクロ撮影方法

番号	メーカー	レンズの種類	基準倍率*	推奨倍率
①	Carl Zeiss	Luminar 16 mm f2.5	14 倍	11 ～ 40 倍
②	Nikon	Macro Nikkor 19 mm f2.8	20 倍	15 ～ 40 倍
③	Canon	Macrophoto Lens 20 mm f3.5	―	4 ～ 10 倍
④	Olympus	Zuiko Macro 20 mm f3.5	―	4 ～ 12 倍
⑤	Carl Zeiss	Luminar 25 mm f3.5	8.8 倍	6.3 ～ 22 倍
⑥	Leitz	Photar 25 mm f2.5	―	6.3 ～ 20 倍
⑦	Lomo	Mikroplanar 40 mm f4.5	―	11 ～ 20 倍

＊基準倍率は公表されている数値．

写真 3-8 筆者（塚本）所有の RMS レンズ

16 mm，25 mm の 2 レンズともたいへん写りがよく，ベローズを伸ばしても画質が破綻することがない．特に 25 mm は，被写体とレンズ先端までの距離（ワーキングディスタンス）が長いことからも，とても使いやすいレンズである．

② Nikon Macro Nikkor 19 mm

元々は大判用大型マクロ撮影装置（マルチフォト）用として作られたレンズである．同倍率のレンズの中ではとてもよく写る名高いレンズで，ベローズを最大に伸ばし，高倍率にしても画質の破綻はほとんど見られない．

③ Canon Macrophoto Lens 20 mm

他のレンズよりも比較的近年に販売されたので，生産本数が多く，中古価格も比較的安い．Macro Nikkor に比べると画質は劣るが，RMS マクロレンズとしては標準的な写りともいえる．ベローズを伸ばして高倍率にするとすぐに画質が破綻するため，あまり倍率を上げない方が良く写る．絞りはクリック式なので固定されるが，ノブが付いているので，撮影の際に邪魔になってしまうことがある．また，絞り羽根が6枚であるので，「ボケ」の形が6角形になってしまうのも欠点である．

④ Olympus Zuiko Macro 20 mm

OM システム用のベローズマクロレンズのセットの1つ．生産時期によりレンズコーティングのタイプが異なるが，塚本が使っているものはマルチコーティングのものである．前述の Macrophoto Lens 20 mm よりも解像力はやや優れているように思うが，焦点が外れているアウトフォーカス部分の色にじみはより目立つ．また，ベローズを伸ばして高倍率にすると画質が破綻するのは共通の特徴である．

⑥ Leitz Photar 25 mm

　接写装置（アリストフォト）用に発売されているマクロレンズ．生産時期により2つのバージョンが存在する．新タイプのものは，絞り羽根の枚数が少なくなるので，土壌動物撮影としては旧タイプが望ましい．

⑦ ROMO Mikroplanar 40 mm

　1960年頃に生産されていたらしいロシア製のマクロレンズ．作りは他のレンズに比べ粗雑であるが，写りは非常に良い．塚本が持っているものは単層コーティングであるが，コーティングなしのもあるらしい．ベローズを伸ばし高倍率にしても画質の破綻も見られないので，素晴らしい性能である．

　高倍率撮影ともなれば，焦点距離が近い例えば20 mmと25 mmでさえ，撮影する際のワーキングディスタンスがかなり違うことを感じられる．そのため，岩の窪みなどにいて光が回りにくく岩にレンズがぶつかり傷つきそうな場合など，撮影状況に応じて焦点距離の異なるレンズを使い分けることが多い．また，焦点距離の短いレンズでは，レンズを置いて支えにすることができる（下が傷つきにくい朽木や落葉の場合において）ので，ブレずに撮影がしやすい．

3-3-3　ストロボ，ディフューザー

　高倍率マクロレンズやRMSマクロレンズの撮影では，倍率が高ければ高いほど露出倍数がかかり暗くなってしまい，自然光では鮮明に姿を写すことができないため，筆者らはストロボを用いてシャッタースピードを速くして被写体がぶれないよう撮影している．ストロボは主に外部ストロボを使用する．その理由として，マクロレンズはワーキングディスタンスが短いため，内臓ストロボではレンズの影ができやすいことと，大光量を連続して発光するには性能が不十分だからである．

　また，ストロボの光を和らげるディフューザーは，画質向上や被写体の質感を表現するための重要なアイテムである．

　写真3-9に吉田，写真3-10に塚本のセッティング例を示し，以下の（a）～（c）で詳しく説明する．

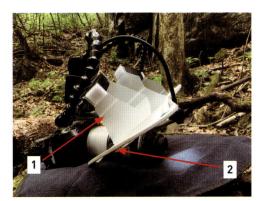

写真 3-9　KX-800・自作ディフューザー・KENKO影とり（吉田）

写真 3-10　自作ディフューザー・Fotopro DMM-903・補助光用のハンドライト（塚本）

(a) ストロボ

ストロボは光量のあるクリップオンタイプが望ましい．基本的に何でもよいのだが，筆者（吉田）はVenus Optics製のKX-800というストロボを使用している．この製品は，自由に動かせるアーム付きのストロボ2つと，撮影するときに必須の補助光（こちらもある程度自由の効くアーム付き）が付いており非常に便利である．特にストロボのアームはレンズの長さに合わせて即座に調整できるため，とても使い勝手が良い．ただし，アームの耐久性が低く，また雨や湿気に非常に弱いため注意を要する．

また，筆者（塚本）はFotopro社製のDMM-903というブラケットを用いて外付けストロボを固定している．六角レンチで絞めることでアームの固さを調整できるので，大型のストロボもある程度固定することができる．アームの関節がプラスチック製なので，使っているうちに折れてしまうのが欠点である．ブラケット側には延長シューコードを繋げておく（写真3-10の1）．

(b) ディフューザー

ストロボ光をそのまま被写体に当てると，光がぎらついて被写体が固く写ってしまう．そこで，ディフューザー（diffuser：散光器，光を散らすためのもの）を使って自然光に近い状態まで光を和らげるのが望ましい．

筆者（吉田）はクリアファイルのようなものをストロボ発光面につけ（写真3-9の1），さらにレンズにKENKO製の「影とり」を装着している（写真3-9の2）．筆者（塚本）も同様にクリアファイルを加工してストロボに取り付け，発光部側には拡散させるための白い素材を貼り付けている（写真3-10の2）．また，ピント合わせ用の補助光（ハンドライト）をマイクホルダーを利用して取り付け，ディフューザーに当てて照らしている．

ディフューザーは大きいほど・被写体に近くするほど効果があるが，その分周りの枝や地面等にぶつかりやすくなり撮影しづらくなるなどのデメリットがあるため，画質・質感と使いやすさを天秤にかけながら工夫する必要がある．

(c) ストロボの当て方について

ストロボは正面の低い位置から斜めに当てるのが効果的である．高い位置からだとごく小さな被写体では下部が暗くなってしまうからだ．また，背後からも弱く1灯当てておくと，被写体の特徴的な毛や形態，質感などが浮かび上がって，より被写体の特徴を引き出せるが，角度（水平方向，斜め上方向など）によって違った特徴が出るので試してみてほしい（**写真3-11, 3-12**）．筆者らもその都度悩みながらのライティングでこれといった正解はないが，自分が写そうとしている被写体をどう表現したいのかが大事である．

写真 3-11 背後より 1 灯を当てているようす

写真 3-12 被写体の透明感や毛がより鮮明になった

3-4 撮影の仕方

ここまで来たらあとは撮影するのみ．筆者らが今までの経験を元に，土壌動物を撮影する時のコツを紹介したい．

3-4-1 カメラの構え方

手振れ防止や動いている被写体を追うために重要なのは，いかにカメラを保定するか，である．筆者は，左手はレンズを保持しつつ前後に動かす役目，右手は角度調整とシャッターを押す役目にしている．

左手について，手首や手の甲を地面もしくは被写体のいる石や倒木などに固定する．レンズの持ち方はダーツを持つときのようにして手首の辺りを軸にレンズを前後に微動させてピントを合わせる（写真3-13）．マニュアルでピント合わせをした方が速いので基本的にオートフォーカス（AF）は使わない．手の甲を下にする場合も，親指と人差し指でレンズ先を保持してレンズを前後させてピントを合わせる（写真3-14）．

写真 3-13 「ダーツ持ち」スタイルのピント合わせ

写真 3-14 手の甲を下にするスタイルのピント合わせ

3-4-2　被写体の捉え方

　いきなり高倍率の状態で探そうと思ってもなかなか捉えられないので，まずは低倍率の状態で被写体を探す．近くに目印になりそうな植物の根や窪みなどあれば憶えておき左手を下に添える．このときに，親指と人差し指の間に被写体がいるようにしておくと，カメラをその上にセットする際に見つけやすくなる（写真3-15）．低倍率で見つけたら，前項で説明したカメラの構え方でしっかり保定し，カメラのブレで被写体を見失わないように徐々に倍率を上げる（写真3-16）．

　また，一度被写体を捉えても安心はできない．石や朽木はほんのちょっとの隙間がたくさんあり，小さな土壌動物はそんな隙間に逃げ込んで出てこなくなるパターンがあるからだ．撮影中どういうところを歩いているのかを把握し，逃げられないよう常に注意を払う必要がある．

写真 3-15　被写体と指の位置を横から肉眼で確認する

写真 3-16　被写体を確認したのち液晶を見ながら倍率を変えていく

3-4-3　高倍率撮影時の設定やピント面について

　高倍率になってくると，被写界深度がかなり浅くなってしまうため絞りを絞りたくなるが，ある数値以上に絞ると「小絞りボケ」という現象が発生する．ピントが合っているようで合っていない，もやっとした写真になるため（写真3-17），倍率に応じた設定をする必要がある．（どのくらい絞るかは好みの問題なので，以下の例は参考程度に思ってほしい．）

　レンズやセンサーサイズによっても結果は違うが，筆者は等倍～2倍くらいまではF8～11，2倍～10倍くらいまではF5.6～8，それ以上の倍率ではF4～5.6くらいで設定していることが多い．そのため，高倍率ではどうしても良い画質を得ようとするとピント面がかなり薄くなってしまうので，なるべく面で捉えるよう工夫する．被写体があまり動いていない場合は深度合成も選択肢の一つ．逆にマクロコンバージョンレンズを使用している際は，少し絞った方が良い画質が得られる．

　ISO感度は100～200の範囲で，ストロボの光量で明るさを調整．シャッタースピードはストロボの同調速度上限（メーカーや機種によってさまざま）を基本としている．

写真 3-17 F14 まで絞って撮影した写真．右の拡大図を見ると，ディテールが失われていることがわかる．

3-5　土壌動物を探すコツ

　土壌動物はあらゆる場所で探すことができるが，筆者らは落ち葉が積もっているところで1枚1枚めくる，石・朽木等を起こして丹念に探すなどしている．コツとして，落ち葉は少し湿り気を帯びているもの，石や朽木は地面にめり込み過ぎず，地面と接しているくらいのもののほうが土壌動物が豊富にいて探しやすく，理想的である（写真3-18）．

　写真3-19（次頁）は実際に探しているようすで，昼間でもヘッドライトを装着して探すことで発見効率が劇的にあがる．石をじっくり見ていくと，1〜2mmくらいのちょっとした土や植物の破片などさまざまなものが眼に入る．初めのうちはどれが生き物なのか分からないことも多々あると思うので，10〜20倍ほどのルーペを使ってとにかくすべてをチェックするのがよい．そうすることで，肉眼で見たときの見た目や雰囲気を覚えられるため，動いていなくても微小な土壌動物の存在に気付けるようになるはずだ．　　　　〔吉田　譲・塚本勝也〕

写真 3-18　沢沿いのガレ場．手ごろな石がたくさんあり，湿度もほどよくある．

第3章　野外におけるマクロ撮影方法

起こした石裏を肉眼でざっと見渡す

気になるものをルーペで確認

肉眼で見るニホンヨロイエダヒゲムシ

ニホンヨロイエダヒゲムシ（拡大）

写真 3-19　土壌動物の探索

〈観察の際の注意とお願い〉
　石や倒木などは土壌動物を含めたさまざまな生き物のすみかとなっており，ひっくり返したままにしておくと乾燥してしまう．また，道沿いの場合は歩行者に危険を及ぼす可能性もあるため，必ず元に戻すことを忘れないようにしてほしい．

第4章　土壌動物を対象とした自然観察会の案内

4-1　観察会の手引き

　エコロジーという言葉が本来の意味ではなく，つまりエコロジー・ライフとかエコロジー・ファッションとかの「環境に配慮した（やさしい）…」などという新しい意味で使用されるようになってから久しい．一方で，エコロジーの本来の意味である「生態学」は中学高校の教科書の中で学ぶものの，学んだ知識を実際の野外で確認する機会は非常に少ないようだ．

　特に土壌動物については，物質循環を学ぶ際には間違いなく教わるものの，その記述はわずかな字数でとどまる程度であり，教科書に掲載されている図は知っているものの，実際の大きさも知らないまま，どのような生き物なのかを見たこともないまま，物質循環にかかわる機能だけをそらんじている状態が現状といえよう．教科書に書かれている土壌動物にかかわるわずかな知識を読んでいるだけでは，「机上の空論」になる．さらに，近年は「持続可能な開発」という言葉がマスメディアでもインターネットでも多く登場しているが，その概念を理解するには目につきやすい陸上生態系だけでなく，目につきにくいが生態系の物質循環に大きく寄与する土壌生態系にも焦点をあてて考えることが必要なのである．

　一方で土壌動物を学ぶために，一人で野外に出て観察するというのはなかなか敷居が高い．第1章で解説したように，土壌動物の観察には特別な道具や手法が必要となるからだ．しかし，小中高校の授業の一環としての野外活動とか，もしくは，博物館や有志グループによる環境教育としての土壌動物を対象とした自然観察会などがあると，土壌動物を学ぶという敷居は低くなるものと思われる．この章からは筆者がこれまでに実施した土壌動物を対象とした自然観察会での経験を踏まえ，観察会のための準備や実際に実施したマニュアルなどについて紹介していく．これらを参考にして，土壌動物についての観察会が多くの場所で開催されることを期待したい．

4-1-1　土壌動物を対象とした観察会のマニュアルについて

　参加者の年齢や観察会経験の違いにより，学んでもらいたい目標別に作成したマニュアルを紹介する．

・土壌動物に興味を持ち始めた人や年齢的には小学3年生以下の児童も参加対象とする観察会，学校の授業で土壌動物を紹介する観察会——**土壌動物を知る観察会**（a）
・自然観察会に参加した経験がある人，環境と土壌動物の関係に興味がある人を対象とする．

第4章　土壌動物を対象とした自然観察会の案内

年齢的には小学4年生以上の方を参加対象とする観察会

──土壌動物をとおして環境を診る観察会（b）

・土壌動物をより深く学びたい人を対象とし，対象年齢は中学生以上を想定する観察会

──特定の分類群に対象を絞った観察会（c）

(a) 土壌動物を知ることを目的とする観察会

　この観察会では，対象動物群を絞らないで土壌動物を全体的に観察し，「土壌生態系にかかわるたくさんの種類の土壌動物を知ることから，土壌生態系の種の多様性を学ぶ」ことを目的とする観察会で，観察会にかかる時間は観察地が1ヶ所であれば90分～2時間程度，2ヶ所以上であれば3～4時間程度を想定している．以下に観察会の流れ（野外での観察から室内での観察へ）を述べていく．

(a-1) 観察会の前日までに行うこと（観察地の選定，参加人数，天気対策など）

　土壌動物は土壌があるところにはどこにでもいるが，見つけやすさなどを考慮すると林などの環境がやりやすい．土地には地権者がいるので，観察会を実施するには事前に地権者に，つまり，国有林や県有林などの公有林であれば土地を管理する役所の担当課へ，私有林であれば地主さんに使用許可の申請をおこない承諾を得る．

　観察地を選定したら，その場所にどのような土壌動物がいるのかをあらかじめ調べておくことが最も重要である．特に見つけやすい，または形態が特徴的などの動物群を調べておくことで，参加者にアドバイスがしやすくなる．

　参加人数は観察地の広さにより異なるが，観察会を実施することで環境が荒れないように配慮する．植生などの環境が異なる観察地がいくつかあると，たくさんの種類の土壌動物を観察することができる．参加者は3～4名からなるグループ（土壌動物を見つける係，ピンセットでつまむ係，吸虫管で採集する係など仕事分担）でおこなうと，観察会の効率がよくなる．

　観察会当日の天気が小雨程度でも野外での作業は可能であるが，土壌が雨水で濡れすぎた状態では，屋外作業は無論のこと，屋内作業でも土壌動物はかなり見つけにくくなる．そのため，天気予報で天気が下り坂になることがわかっている場合は，観察会の場所の土壌をあらかじめ採取（なお，土壌試料は「採取する」といい，土壌動物は「採集する」という）しておくことをすすめる．突然の雨が降り出した際でも屋内観察作業に変更できるからである．

※注意：採取した土壌の保存については注意が必要である．土壌が蒸れないようにしないと土壌動物が死んでしまう可能性がある．採取した土壌は紙袋に入れて，冷涼で直射日光があたらず乾燥しない場所に置くこと．

(a-2) 観察会当日の流れ

　［例1］1ヶ所の観察地を使用する観察会のタイムスケジュール（案）

　10:00～11:00　屋外作業：土壌動物の説明と，観察地で土壌動物を探す．

　11:00～11:20　屋内作業：採ってきた土をツルグレン装置に投入（セッティング）する．

　　　　　　　　　　　　　採ってきた土壌動物の簡単な見分け方を説明する．

140

11:20 〜 12:00　　屋内作業：小さな土壌動物を探す．
　　　　　　　　　採ってきた土を篩にかけて土壌動物を見つける．
　　　　　　　　　ツルグレン装置で抽出した土壌動物を見つける．

［例2］2ヶ所の観察地を使用する観察会のタイムスケジュール（案）
10:00 〜 11:30　　屋外作業：土壌動物の説明，それぞれの観察地で土壌動物を探す．
11:30 〜 12:00　　屋内作業：採ってきた土をツルグレン装置に投入（セッティング）する．
　　　　　　　　　採ってきた土壌動物の簡単な見分け方を説明する．
12:00 〜 13:00　　昼食と休憩
13:00 〜 14:30　　屋内作業：小さな土壌動物を探す．
　　　　　　　　　採ってきた土を篩にかけて土壌動物を探す．
　　　　　　　　　ツルグレン装置で抽出した土壌動物を探す．
14:30 〜 15:00　　屋内作業：みんなで土壌動物を確認する．
　　　　　　　　　観察地ごとの土壌動物を比較する．

① **土壌動物についての概説と採集方法の説明（10 〜 15分間程度を目安）**

　本書の写真などを用いて，土の中にはどのような土壌動物がいるのかを説明する．その際に実際の大きさを実感してもらうことができるような標本（液浸標本・乾燥標本・樹脂包埋標本など，**写真4-4 〜 4-6参照**）があると，サイズに対する認識（写真だけでは実際の大きさを想像しにくいので）ができて土壌動物を見つけやすくなる．

　その後，土壌動物を見つけやすい微小環境について説明する．例えば，大きめの石の下や朽ち木の下などの湿っている場所に多くみられること，落ち葉であれば表層の落ち葉より下層の形が崩れている落ち葉の層（**写真4-1**）に多く生息していること，乾燥している場所には土壌動物が少ないことなどを説明する．

　そして，土壌動物の採集の仕方を実演する．表層の落ち葉を静かにはぎ，潜んでいる目につきやすい大きめの土壌動物を見つけ出す．土壌動物がいたらピンセットでつまみ，容器にまとめて入れる．ある程度見つけ採りしたら，次に一握りか二握り程度の土壌を落葉落枝ともに

写真4-1　表層の落ち葉を除去する前（左）と後（右）

バットに入れ，落ち葉などを除いたり，土の塊を崩したりしながら，小さめの土壌動物を見つけ出す．ピンセットでつまめるサイズの土壌動物はピンセットでつまみ，前述の容器にまとめて入れ，ピンセットでつまむのが難しいダニやトビムシなどの小型の土壌動物は吸虫管を使って採集する．土壌動物が見つかりにくくなったら，バットの中の土壌は紙袋に入れて，新たに別の土壌をバットにいれ，同様の作業を時間が来るまで繰り返すことを説明する．紙袋に入れた土壌は屋内作業で使用することも伝える．

※注意：吸虫管の取り扱い方については注意が必要である．参加者の多くは「ムシを吸う」という未知の体験を楽しい・貴重な経験ととらえることが多いのだが，虫を吸い取る側と口を付ける側を間違えることが多いので，少なくとも小学校低学年以下の学童には一人で行わせないような配慮が必要である．

② 野外での土壌動物の採集（観察地1ヶ所あたり30～45分程度を目安）

観察地のさまざまな場所で，①で説明した採集方法で参加者自ら土壌動物の採集を行ってもらう（写真4-2）．採集した土壌動物はグループごとに分けた容器に入れる．また，大きめの土壌動物の「ビンゴ票」（図4-1）を作成し，見つけるたびにチェックさせる方法をとることで探す楽しみを増大させる．ビンゴ票は土壌動物の種類を基にしたオーソドックスなタイプ（図4-1のA）以外にも，低年齢用にはマス目を少なくしたタイプ（B）や，特に，未就学児を対象とした色や形や動きなどの項目のタイプ（C）などが考えられる．イラストや写真などを入れて作成すると，参加者にとってわかりやすくて良い．

※注意：作業時間が長くなると参加者の集中力が低下する．低年齢の参加者が多い場合は，経験上1回あたりの作業時間は30分未満を目安に，休憩を入れながら短い時間で複数回実施する方が飽きにくい傾向がある．ビンゴ票を作成する際には，事前に生息する土壌動物を調べて，なるべく見つけやすい分類群を多く入れるようにする．生息数が極端に少ない，またはサイズが小さすぎて見つけにくいグループを多く入れてしまうと，ビンゴが完成できず，参加者達が飽きてしまうことが多いからである．

③ 屋内での観察のための準備と実践（30～45分程度を目安）

野外から採取した土壌の一部は，ツルグレン装置の篩の上に土を薄く拡げて，電球（または，保温球）をつけて，一定時間放置して土壌動物が抽出されるのを待つ（ただし，ツルグレ

写真4-2 実際の観察会風景（左：倒木の下の見つけ採り，右：模造紙の上で篩をふるう）

体が硬い ダニ	ミミズ	イシムカデ	ウズムシ	コムカデ
ワラジムシ	イボ トビムシ	カマアシ ムシ	ハエ・ アブ幼虫	カタツムリ
甲虫類 （幼虫）	ダンゴムシ	ヤスデ	コムシ	甲虫類 （成虫）
カニムシ	ジムカデ	ヒメミミズ	ハサミムシ	クモ
体が柔らか いダニ	セミ・カメ ムシの仲間	シロアリ	アリ	ザトウムシ

(A) 土壌動物の種類をもとにした
5×5のビンゴ票の例

トビムシ	ワラジムシ	カタツムリ
ムカデ	ダニ	ザトウムシ
ミミズ	クモ	アリ

(B) 土壌動物の種類をもとにした 3×
3のビンゴ票の例

赤色のムシ	黒色のムシ	動きが はやい ムシ
細長いムシ	白色のムシ	動きが ゆっくりの ムシ
脚がない ムシ	丸い形の ムシ	脚が多い ムシ

(C) 低年齢の参加者を対象にしたビンゴ票の例
（土壌動物の形態や色彩をもとにした 3×3で作成）

図4-1　ビンゴ票の作成例

ン装置の抽出は時間がかかるために，当日の数時間では抽出される土壌動物の種数・個体数ともに多くはない．そのため，あらかじめ土壌を採取して装置にセットしておくと，観察会時にはすでに多くの土壌動物が抽出されている）．

　円盤検索表（青木，1994：本書巻頭p.viiiにも掲載）の使い方を前述の土壌動物標本を使って説明し，野外で採集した土壌動物を実際に分類する．分類した土壌動物は分類群ごとにペトリ皿に入れる．

　野外で採集した土壌動物の分類が終わったら，野外から採集した土壌の残りから土壌動物の見つけ取りを行う．一握り程度の量の土壌を袋から取り出して，篩の中に入れ，模造紙の上で土壌をふるう．模造紙の上には土壌とともに土壌動物たちも落ちているが，落ちたばかりの土壌動物はすぐには動かないので見つけにくい．ある程度の土の量が落ちたら篩をふるうのを止め，模造紙の上の土壌動物が動き出すまでしばらく待つことが必要である．そして，動き出し

た土壌動物を見つけたら，ピンセットや吸虫管を使用して採取し，円盤検索表を用いて分類をおこない，分類群ごとのペトリ皿に入れる．

続いて，ツルグレン装置で抽出された土壌動物を観察する．小さいサイズの土壌動物も多く抽出されているので，虫眼鏡などを使用して見つけ採りをおこなうとよい．見つけた土壌動物は円盤検索表を用いて分類をし，ピンセットで採集できる大きさの土壌動物は分類群ごとにペトリ皿に入れるが，つまめないサイズの土壌動物はペトリ皿にその分類群の名称だけを記入する．

最後に，分類群ごとのペトリ皿を並べることで，土の中にはいろいろな種類の土壌動物がたくさん生息していることを視覚的に知り，土壌生態系の種の多様性を意識することができる（**写真4-3**）．複数の観察地で実施したのであれば，ペトリ皿の数の比較をすることで，環境の違いと土壌動物の違いを意識することもできる．

※注意：篩の大きさが大きいほどたくさんの土壌動物が抽出されるが，落下する土の量も多くなるので見つけるのが難しくなる．また，篩に入れる土の量が多すぎると土壌動物が落ちにくくなるので注意すること．これまでの経験上，5 mm程度のメッシュサイズが使いやすい．

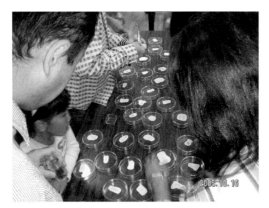

写真 4-3 土壌動物を入れたペトリ皿を並べてその多様性を実感する

(b) 土壌動物をとおして環境を診ることを目的とする観察会

この観察会も対象動物群を絞らないで土壌動物を全体的に観察するが，ここでの目標は「陸上生態系と土壌生態系のつながりを理解するために，土壌動物をとおして環境の違いや変化を学ぶ」ことであり，単に土壌動物を見つけるだけではなく，土壌動物を環境指標生物として使用してみることにある．観察会にかかる時間は約3〜5時間程度を想定している．以下に観察会の流れを述べていく．

(b-1) 観察会の前日までに行うこと（場所の選定，参加人数，道具や記録用紙の準備など）

観察会を実施する場所は環境が異なる（植生が林か草地かなど），同じ植生でも人為的影響が異なる（例えば自然林と植林など）場所などを選定する．参加者は3〜4名からなるグループが3グループ以上あると観察会の効率が良い．天候に関しては（a-1）で述べたように，雨水で土が濡れすぎると土壌動物は見つけづらくなるので，小雨予報でも事前に土壌を採取しておくことで観察会をスムーズに実施できる．

（b-2） 観察会当日の流れ

［例］2ヶ所の観察地を使用する観察会のタイムスケジュール（案）

10:00 〜 12:20　屋外作業：土壌動物の採集方法の説明を行い，それぞれの観察地で土壌動物を探して採集するとともに土壌の採取をおこなう．

12:20 〜 12:30　屋内作業：採ってきた土をツルグレン装置に投入（セッティング）する．

12:30 〜 13:15　昼食と休憩

13:15 〜 14:30　屋内作業：円盤検索表で土壌動物たちの見分け方を説明する．

14:30 〜 15:00　屋内作業：みんなで土壌動物を確認し，それぞれの観察地のデータを集計する．

① 土壌動物の採集方法の説明（15分間程度）と実施（観察地1ヶ所あたり60分間程度を目安）

観察地で（a-1）と同じような方法で土壌動物の採集と土壌の採取を行う．ただし，採集時間は15〜20分間集中して採集を行い，その後5分間程度休憩することを3回繰り返す形式である．採集した土壌動物は大きめの容器にまとめて入れたままでよい．休憩時間に円盤検索表に沿った大まかな分類を実施して，分類ができた土壌動物は記録票に記録する．分類が難しい土壌動物は容器に入れたままとし，屋内作業時に分類を行うようにすればよい．その後，違う観察地でも同様の作業を繰り返すことを説明する．ただし，土壌動物を入れる容器は観察地ごとに分けて，一緒にしないこと．

※注意：観察地ごとに土壌動物を入れる容器が必要なのと，グループごとでも分けておいた方がよいので，容器の数は多く必要になる．

② 屋内での土壌動物の採集と観察（90 〜 120分程度を目安）

野外で採ってきた土壌動物の分類を30分間程度，採取した土壌の一部を篩にかけて見つけ採りをしながら土壌動物を分類する作業を30分間程度，そしてツルグレン装置で抽出された土壌動物の分類を30分間程度の時間をかけて，円盤検索表などを用いて分類を行う．分類した土壌動物は分類群ごとにペトリ皿に入れる．

※注意：ペトリ皿には分類群名を記入するだけでなく，分類群のイラストや，見分けのポイントを書いたものを貼っておいたり，色を付けたりするなどの工夫をすると，参加者が間違えることが少なくなる．

③ 見つけた土壌動物の確認

・参加者が小学生以下，または観察会の時間が短い場合：採集できた分類群ごとのペトリ皿を並べる．そうすることで，その環境に生息する土壌動物相を視覚的に確認できる．また，観察地点ごとに並べれば，生息する土壌動物にも違いがあることも視覚的に比較確認できる．

・参加者が中学生以上で観察時間が長くできる場合：各グループで分類した土壌動物を観察地別（環境別）にまとめる．その後，後述の「自然の豊かさ」にあげてある土壌動物について採点を行い，各観察地点の評価を数値化して比較する．ここで説明した土壌動物の採集方法は「自然の豊かさ」本来の採集方法と異なるが，簡略的方法でも人為的影響が大きいほど点数が低くなるという同様の傾向がみられる．

（c）特定の分類群に対象を絞った観察会

　参加者は土壌動物に興味を持っていて，土壌動物についての知識も豊富な人，学年レベルは中学生以上が対象である．対象動物群を絞って属レベル，もしくは種レベルまでの同定をすることを想定している．目標は「土壌生態系を構成する土壌動物の種多様性を学ぶ」である．ただし，本著の第2章もしくは『日本産土壌動物　第二版』（青木編，2015）などを参照するとわかるが，研究が進んでいる分類群とそうでない分類群が存在する．体サイズが小さい土壌動物は顕微鏡下でないと同定が困難なグループも多く，また，なかにはスライドグラスにプレパラート標本を作成しなければ同定のための形質がわかりにくいグループも存在するので，研究者の協力が得られる分類群を選ぶこと．

（c-1）観察会の前日までに行うこと（場所の選定，参加人数，道具の準備など）

　観察地は1ヶ所で充分である．ただし，その場所にどのような種が生息しているのかをあらかじめ調べておく必要がある．さらに同定練習のために，種名もしくは属名がわかる標本もあらかじめ用意しておく必要がある．参加者一人につき実体顕微鏡と光学顕微鏡が1台ずつあることが望ましい．天候に関しては（a-1）で述べたように，雨水で土が濡れすぎると土壌動物は見つけづらくなるので，小雨予報でも事前に土壌を採取しておくことで観察会をスムーズに実施できる．

（c-2）観察会当日の流れ

① 特定の分類群についての概説

　分類群の形態的特徴，同定のための重要な形質などについて説明をする．なるべく文字や言葉だけでなく，イラストや写真を多用することで，参加者の理解が進む．

② 既存標本を用いての同定作業

　あらかじめ採取して種名もしくは属名までが判別している標本を参加者に配布し，その標本をもとに参加者と一緒に同定作業をおこなう．

③ 野外で採集した標本を用いての同定作業および標本作製

　観察地にて参加者自らに対象の分類群である土壌動物を採集してもらい，その同定もおこなってもらう．同定ができた時点で確認し，間違いなければラベルを作成し，標本として保存する．

4-1-2　土壌動物観察会を実施するために必要な器具・道具について

　自然観察会における対象生物としての土壌動物には，第1章で述べた環境指標生物としての土壌動物と同じような長所（どこにでもいる，種数と個体数が多い，調査時期を選ばない，等）がある．そのために，土壌動物の観察会を行うにあたって場所（広い面積も必要としない）や季節（地面が凍らなければ冬でも可能）を選ぶのに苦労はないし，天候についても参加者が開催場所に来ることができなくなるような荒天以外は実施できる長所（事前に土壌を採って乾燥しないように保存しておけば屋内作業が可能）があるため，観察会の対象生物として非常に有効であることが理解していただけたと思う．しかし，サイズが小さいために，一般的な昆虫採集のように捕虫網などで採集するわけはいかず，いくつかの特別な道具が必要である．

本項では観察会を行うのに必要な器具や道具等について説明する.

（a） 観察会時に必要な道具

① 採集道具

・移植ごてや根堀り：土壌を採集するのに使用する.
・剪定バサミ：土壌を採集する際に邪魔になる木の根などを切る.
・バットもしくは紙袋：土壌を採集して運ぶのに使用する. バットや紙袋の大きさは使いやすい大きさであればよい. ビニール袋でもよいが, 長時間入れておくと蒸されて土壌動物が弱って死んでしまうため, 紙袋の方がおすすめである.
・篩：園芸用で, 目の粗さは大きめ（5 mm程度）の方が土の中から土壌動物を抽出するのに適している.
・白い模造紙（布・ビニールでもOK）：サイズは1×1 mもあれば十分. 篩を使用して土壌動物を土からふるい出すのに使用する.
・ピンセット：見つけた土壌動物をつまんで捕まえるのに使用する. 先が丸いタイプと, とがったタイプの両方があるとよい.
・吸虫管：ピンセットでつまめないような小さいサイズの土壌動物を捕えるのに使用する. 以下の（b）で述べるように, ペットボトルやストローなどを利用して自作することもできる.
・手袋（軍手など）：手の安全のために, 軍手などの用意は不可欠である.
・ツルグレン装置：土壌から土壌動物を抽出するための機器. 以下の（b）で述べるように, 非常に安価な部材で作成できる.

② 観察道具

・虫眼鏡・ルーペ：白い模造紙の上に落ちた土壌動物を見つけるのに使用する. 数倍程度の低倍率の虫眼鏡タイプと, 20倍程の高倍率のルーペタイプがあるとよい.
・ペトリ皿：捕まえた土壌動物を入れて観察するのに使用する. ペトリ皿でなくてもよいが, 底が深く, 蓋が透明なプラスチックでできているタイプが使いやすい.
・顕微鏡：生きたまま観察するのであれば, 実体顕微鏡があるとよい. カメラメーカーが販売している実体顕微鏡は防水タイプもあるので, 野外での使用でも問題なく使える. 種の同定を行うようになると実体顕微鏡では倍率的に低いので, 光学顕微鏡が必要である. しかし, 標本を観察する際にはプレパラート標本にする必要がある.
・分類のための検索表や図鑑：土壌動物を紹介する目的レベルの観察会では, 種までの同定を想定せず, 円盤検索表（青木, 1994；本書巻頭p.viiiにも掲載）などを利用して, 大まかな分類をおこなうとよい. 興味が深まり, 種までの同定を考える場合には, 『日本産土壌動物第二版』などがあるとよい.
・同定のための写真や実物標本：本書のような土壌動物の写真があると参加者の興味を引きやすいが, サイズを誤認しやすいので, 実物の標本があるとわかりやすくなる.

※注意：いずれの器具・道具も野外での作業で使用する場合は紛失するおそれがある. 特にピンセットやルーペなどは作業時に紛失することが多いので, 派手な色の布製のリボンなどを結びつけておくと紛失しにくい.

（b） 観察会に必要な器具の作成

観察会に必要なツルグレン装置や吸虫管，標本の作製について説明していく．いずれもホームセンターなどで購入できる物を利用している．

① 非殺生型簡易ツルグレン装置

ツルグレン装置は一般に，ロートの下にアルコールなどを入れた容器を設置するため，捕獲した土壌動物は死んでしまう．死体でも形態は観察できるが，それぞれの種の特徴的な動きは観察することはできない．そこで，図4-2のように石膏を流し込んだ容器をロートの下に置くことで，ロートをすべり落ちてきた土壌動物は逃げ出すことができないだけでなく，乾燥によって死ぬこともない．また，広い容器なので土壌動物同士の捕食も少なくなる利点がある．ただし，石膏が乾燥しないようにときおり確認し，霧吹きなどで湿り気を与える必要がある．より簡易的には水を含ませたキッチンペーパーなどの厚手の紙を底に敷くだけでもよい．

② ペットボトル型吸虫管

図4-3に示すように，ペットボトルに口にくわえるビニール管と土壌動物を吸い取るストローを取り付ける．ビニール管からムシやゴミなどを飲みこまないようにするため，ガーゼなどで覆う工夫をする．ペットボトルはできるだけ無色タイプで，表面に凹凸がないタイプがよい（その方が土壌動物を観察しやすいため）．また，ペットボトル内のストローとビニール管は長さを違えるようにすることで，ゴミなどが口に入り込みにくくなる．

作る際に注意する点を以下に述べる．

・口を付ける方であるビニール管は40 cm以上の長さが使いやすい．
・ペットボトルの蓋に差し込んだストローとビニール管の隙間をホットボンドで埋めること．隙間があると吸い取りが弱くなる．

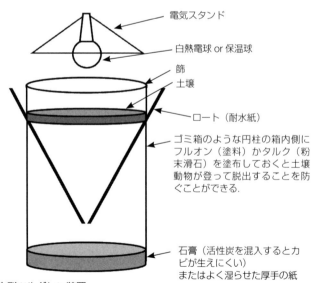

図4-2　非殺生型ツルグレン装置
材料：ゴミ箱，耐水紙（厚手のケント紙などでも可），篩，石膏，活性炭，電気スタンド（白熱球タイプのものが◎，LED電球および蛍光灯タイプは×）

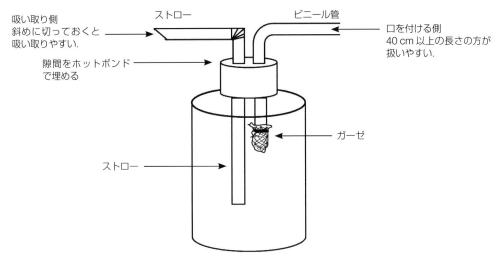

図 4-3 ペットボトル型吸虫管
　材料：ペットボトル（280～350 ml 程度の小さいタイプ），ストロー（折り曲げタイプ），園芸用ビニール管（口径 5～7 mm で長さ 40 cm 以上），ガーゼ，縫い糸
　道具：ホットボンド，穴開けドリル，木工用ボンド

・ペットボトル内のストローの長さはビニール管の長さより長めにし，逆にビニール管は短めにする．またビニール管の口をガーゼで2枚か3枚重ねて覆うことで，ペットボトル内の土壌動物や落ち葉の破片などを口に吸い込まないようにできる．ガーゼは糸で結びつけ，糸の上に木工用ボンドを塗ると，ガーゼがビニール管から外れにくくなる．

③ 観察用標本

　図や写真では形態や色などを確認しやすいが，実際の大きさなどが実感しにくいので，標本があると参加者の理解がすすむ．ただし，観察者が触れても壊れず，かつ紛失しにくくするような工夫が必要になる．観察会では以下のような種類の標本を使用している．

　・液浸標本：土壌動物を70％アルコール水溶液を入れたマイクロチューブやバイアル瓶などの透明な容器内に入れて作成する（**写真4-4**）．体が軟らかい土壌動物に適した方法である．容器内には標本個体を数多く入れない方が観察しやすい．

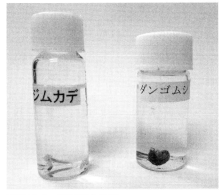

写真 4-4 液浸標本の例

- 乾燥標本：写真4-5のように土壌動物を紙の上に接着剤で固定してから，マイクロチューブなどの透明な容器に入れて作成する．容器内に入れることで，小さな子供でも自らの手で持って観察ができる利点がある．体が硬く，体が小さいダニのなかまや昆虫のなかまなどに適している方法である．体が軟らかい土壌動物では乾燥する際に収縮して形態が変わるデメリットがあるので，この方法は向かない．標本を固定する土台を紙ではなく透明なプラスチック板などにすると，樹脂包埋と同じく標本全体を見渡せる．
- 樹脂包埋標本：写真4-6のように，土壌動物を透明な樹脂（アクリル樹脂やエポキシ樹脂）で包埋して作成する．液浸標本や乾燥標本に比べて作成するのに手間と時間がかかるが，一度作ればほぼ半永久的に使用可能であり，収縮による体の変形が小さいために，体が軟らかい土壌動物でも標本化できる利点がある．

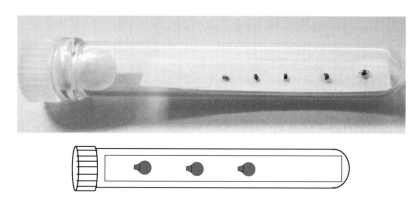

写真4-5 乾燥標本の例

写真4-6 樹脂包埋標本の例

4-2　環境指標動物としての土壌動物 ——「自然の豊かさ」について

　第1章において少しふれた，土壌動物を環境指標生物として利用する方法について説明する．青木（1995；2005）の「土壌動物を用いた環境診断」では，人為的影響に対する耐性の違いを考慮した32の土壌動物群を大きくA，B，Cという3つのグループに分けて選定している

(図4-4). Aグループは人為的環境変化に対する耐性が低く, すぐにいなくなるような動物群で, 例えばザトウムシ, オオムカデ, ジムカデなどである. Cグループは人為的環境変化に対する耐性が強く, 私たち人間が生活する環境の中にも入ってくるような動物群で, 例としてアリ, ダニ, クモなど. Bグループはその中間的な耐性の動物群で, カニムシ, イシムカデ, ミミズなどが例としてあげられている. そして, Aグループは5点, Bグループは3点, Cグループは1点と配点し, 調べたい場所で見つけた土壌動物の評点を総合して評価を行うという方法である.

具体的な方法を青木 (1995;2005) をもとに述べていく.

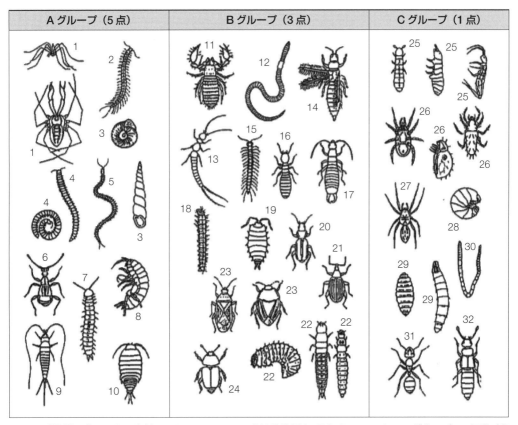

図4-4 「自然の豊かさ」の診断のために用いる32の土壌生物群と, それらのA,B,Cの3グループへの区分 (青木, 1995)

Aグループ (5点)
1：ザトウムシ (およその体長 3〜5 mm), 2：オオムカデ (4〜13 cm), 3：陸貝 (2mm〜3 cm), 4：ヤスデ (1〜5 cm), 5：ジムカデ (3〜5 cm), 6：アリヅカムシ (1〜3 mm), 7：コムカデ (4〜7 mm), 8：ヨコエビ (3〜10 mm), 9：イシノミ (1〜1.5 cm), 10：ヒメフナムシ (4〜7 mm)

Bグループ (3点)
11：カニムシ (2〜4 mm), 12：ミミズ (3〜40 cm), 13：ナガコムシ (3〜4 mm), 14：アザミウマ (1.5〜3 mm), 15：イシムカデ (1.5〜2.5 cm), 16：シロアリ (3〜8 mm), 17：ハサミムシ (1〜3 cm), 18：ガ (幼虫) (5〜30 mm), 19：ワラジムシ (3〜12 mm), 20：ゴミムシ (0.5〜2 cm), 21：ゾウムシ (4〜8 mm), 22：甲虫 (幼虫) (3 mm〜3 cm), 23：カメムシ (2〜6 mm), 24：甲虫 (1.5〜20 mm)

Cグループ (1点)
25：トビムシ (1〜3 mm), 26：ダニ (0.3〜3 mm), 27：クモ (2〜10 mm), 28：ダンゴムシ (5〜13 mm), 29：ハエ・アブ (幼虫) (2mm〜2 cm), 30：ヒメミミズ (5〜15 mm), 31：アリ (2〜10 mm), 32：ハネカクシ (3〜10 mm)

調査地点の代表的な場所で，50 cm × 50 cmの枠（コドラートという）を，近接しないように1～2 mほど離して3ヶ所設置する．次に，それぞれのコドラート内の落ち葉や腐葉土，そしてその下にある深さ5 cmまでの土壌を採集し，篩などを使ってそれら土壌から土壌動物を見つけ出す．見つけた土壌動物のうち前述の32グループに含まれるものをそれぞれチェックし，確認できた土壌動物群に対して配点をして，総合点数を算出する（図4-5）．

調査地
調査年月日　　　調査者
環境

群	動物群			
A〈5点〉	アリヅカムシ			
	イシノミ			
	オオムカデ			
	コムカデ			
	ザトウムシ			
	ジムカデ			
	ヒメフナムシ			
	ヤスデ			
	ヨコエビ			
	陸貝			
B〈3点〉	アザミウマ			
	イシムカデ			
	ガ（幼）			
	カニムシ			
	カメムシ			
	甲虫			
	甲虫（幼）			
	ゴミムシ			
	シロアリ			
	ゾウムシ			
	ナガコムシ			
	ハサミムシ			
	ミミズ			
	ワラジムシ			

群	動物群			
C〈1点〉	アリ			
	クモ			
	ダニ			
	ダンゴムシ			
	トビムシ			
	ハエ・アブ（幼）			
	ハネカクシ			
	ヒメミミズ			
その他				
点数の計算	A			
	B			
	C			
	枠点数計			
	総合点（平均）			

調査地　袖ケ浦町 坂戸神社
調査年月日　1987年9月10日　　　調査者　青木淳一
環境　スダジイ林

群	動物群			
A〈5点〉	アリヅカムシ	○	○	○
	イシノミ			
	オオムカデ		○	
	コムカデ	○	○	○
	ザトウムシ			
	ジムカデ	○	○	○
	ヒメフナムシ	○	○	○
	ヤスデ	○	○	○
	ヨコエビ	○	○	○
	陸貝		○	○
B〈3点〉	アザミウマ		○	○
	イシムカデ	○	○	○
	ガ（幼）	○	○	○
	カニムシ	○	○	○
	カメムシ	○	○	
	甲虫	○	○	○
	甲虫（幼）	○	○	○
	ゴミムシ	○		○
	シロアリ			
	ゾウムシ	○	○	○
	ナガコムシ	○		○
	ハサミムシ			
	ミミズ	○	○	○
	ワラジムシ	○	○	○

群	動物群			
C〈1点〉	アリ	○	○	○
	クモ	○	○	○
	ダニ	○	○	○
	ダンゴムシ	○	○	○
	トビムシ	○	○	○
	ハエ・アブ（幼）	○	○	○
	ハネカクシ	○	○	○
	ヒメミミズ	○	○	○
その他				
点数の計算	A	30	40	35
	B	33	30	33
	C	8	8	8
	枠点数計	71	78	76
	総合点（平均）	75.0		

図 4-5　大型土壌動物による「自然の豊かさ」評価のための調査表（左）と，その記入例（青木，1995）

例えば，Aグループに含まれるヤスデ，ジムカデ，ザトウムシが確認され，Bグループではナガコムシやシロアリ，ゾウムシ，ワラジムシ，カニムシ，ハサミムシが確認され，Cグループではトビムシ，ダニ，クモ，ヒメミミズ，アリ，ハエ・アブなどが確認されたとすると，Aグループは3動物群×5点＝15点，Bグループは6動物群×3点＝18点，Cグループは6動物群×1点＝6点により，総合評点は39点となる．この点数が高いほど，つまり32グループの土壌動物の多くが生息しているほど，人為的影響が少なく，自然が豊かであると数値的に評価できる．

この方法の良い点は，属や種レベルまでの分類を必要とせず，土壌動物の専門家でなくても実践できることである．一方で，50 cm × 50 cmのコドラート内の土壌動物の採集にはかなり時間がかかるため，観察会などで採用する場合には計画的におこなう必要がある．

〔萩原康夫〕

引用文献一覧

はじめに

青木淳一（1994）：土壌動物．指標生物—自然をみるものさし（新装版）（（財）日本自然保護協会編），pp.252-257＋末尾別表，平凡社．

Sawahata, T., *et al.*（2008）：*Tricholoma matsutake* 1-Octen-3-ol and methyl cinnamate repel mycophagous *Proisotoma minuta* (Collembola: Insecta). *Mycorrhiza*, **18**：111-114.

Shimano, S., *et al.*（2002）：Geranial: The alarm pheromone in the nymphal stage of the oribatid mite, *Nothrus palustris*. *Journal of Chemical Ecology*, **28**：1831-1837.

第1章

青木淳一（1973）：土壌動物学—分類・生態・環境との関係を中心に—．814pp.，北隆館．

青木淳一（1978）：打ち込み法と拾取り法による富士山麓青木ヶ原のササラダニ群集調査．横浜国大環境科学研紀要，**4**：149-154.

Aoki, J.（1984）：A modified Tullgren funnel with double porous discs for preventing soil particles from dropping into collecting tube. *Bull. Inst. Environ. Sci. Technol., Yokohama Natn. Univ.*, **11**：103-105.

青木淳一（1995）：土壌動物を用いた環境診断．自然環境への影響予測—結果と調査法マニュアル（沼田　真編），pp.197-271，千葉県環境部環境調査課．

青木淳一（2005）：だれでもできるやさしい土壌動物のしらべかた—採集・標本・分類の基礎知識，102pp.＋末尾別表，合同出版．

Gisin, H.（1947）：Es wimmelt im Boden von Unbekanntem. *Prisma*, **2**(5)：144-147.

長谷川元洋（2007）：マクファーデン装置による抽出．土壌動物学への招待—採集からデータ解析まで—（金子信博ほか編），pp.38-39，東海大学出版会．

金子信博（2007）：土壌生態学入門—土壌動物の多様性と機能—，東海大学出版会．

Macfadyen, A.（1961）：Improved funnel-type extractors for soil arthropods. *Journal of Animal Ecology*, **30**：171-184.

永野昌博・澤畠拓夫編（2009）：森を支える小さな戦士—落ち葉の下の生き物たち—（雪・森・農のめぐみとつながりを考えるシリーズ1），十日町市里山科学館「森の学校」キョロロ．

島野智之（2007）：プレパラート標本作成法．土壌動物学への招待—採集からデータ解析まで—（金子信博ほか編），pp.47-50．東海大学出版会．

Usher, M. B., *et al.*（1982）：A review of progress in understanding the organisation of communities of soil arthropods. *Pedobiol.*, **23**：126-144.

第2章

橋本晃生（2018）：カンタリジンを介して昆虫が紡ぐコミュニケーションネットワーク．昆蟲（ニューシリーズ），**21**(4)：230-239.

（コラム：ダニ類の体系）

Ruggiero, M. A., *et al.*（2015）：A Higher level classification of all living organisms. *PLoS ONE*, **10**：e0119248.

島野智之（2018）：総説　ダニ類の高次分類体系の改訂について—高次分類群の一部和名改称—．日本ダニ学会誌，**27**(2)：51-68.

Zhang, Z.-Q.（2013）：Phylum Arthropoda. *Zootaxa*, 3703：17-26.

（コラム：カベアナタカラダニ）

Hiruta, S. F., *et al.*（2018）：A preliminary molecular phylogeny shows Japanese and Austrian populations of the red mite *Balaustium murorum* (Sarcoptiformes: Trombidiformes: Erythraeidae) to be closely related. *Exp. Appl. Acarol.*, **74**(3)：225-238.

https://doi.org/10.1007/s10493-018-0228-0.

大野正彦ほか（2011）：カベアナタカラダニの短期接触による皮膚障害発生の可能性．*Urban Pest Management*, **1**(2)：111-117.

高倉耕一・高津文人（2008）：ビル屋上におけるカベアナタカラダニの発生消長と食性．応動昆，**52**：87-93.

Yoder, J. A., *et al.*（2012）：Pollen feeding in Balaustium murorum (Acari: Erythraeidae): visualization and behaviour. *Int. J. Acarol.*, **38**(8)：641-647.

（コラム：トビズムカデはオオムカデか？）

Han, T., *et al.*（2018）：Genetic variation of COI gene of the Korean medicinal centipede *Scolopendra mutilans* Koch, 1878 (Scolopendromorpha: Scolopendridae). *Entomological research*, **48**：559-566. https://doi.org/10.1111/1748-5967.12331

Kang, S., *et al.*（2017）：Taxonomy and identification of the genus *Scolopendra* in China using integrated methods of external morphology and molecular phylogenetics. *Scientific Reports*, **7**：16032. https://doi.org/10.1038/s41598-017-15242-7

Siriwut, W., *et al.*（2016）：A taxonomic review of the centipede genus *Scolopendra Linnaeus*, 1758 (Scolopendromorpha, Scolopendridae) in mainland Southeast Asia, with description of a new species from Laos. *ZooKeys*, **590**：1-124. https://doi.org/10.3897/zookeys.590.7950

Vahtera, V., *et al.*（2013）：Phylogentics of Scolopendromorph centipedes: can denser taxon sampling improve an artificial classification? *Invertebrate Systematics*, **27**：578-602.

（コラム：ヨコエビ）

森野　浩（2015）：ヨコエビ目（端脚目）．日本産土壌動物　第二版（青木淳一編），pp.1067-1089，東海大学出版部.

富川　光・森野　浩（2012）：日本産淡水ヨコエビ類の分類と見分け方．タクサ：日本動物分類学会誌，**32**：39-51.

（コラム：トビムシの体系）

Bellinger, P. F., *et al.*（1996-2019）：Checklist of the Collembola of the World. http://www.collembola.org

一澤　圭ほか（2015）：トビムシ目（粘管目）．日本産土壌動物　第二版（青木淳一編），pp.1093-1482，東海大学出版部.

Janssens, F. and Christiansen, K. A.（2011）：Class Collembola Lubbock, 1870. In: *Animal biodiversity: An outline of higher-level classification and survey of taxonomic richness*. (Zhang, Z.-Q. ed.), *Zootaxa*, 3148：192-194.

Ruggiero, M. A., *et al.*（2015）：A Higher level classification of all living organisms. *PLoS ONE*, **10**：e0119248.

Zhang, F. and Deharveng, L.（2015）：Systematic revision of Entomobryidae (Collembola) by integrating molecular and new morphological evidence. *Zoologica Scripta*, **44**：298-311.

第4章

青木淳一（1985）：土壌動物．指標生物—自然をみるものさし（（財）日本自然保護協会編），pp.252-257＋末尾別表，思索社.

青木淳一（1994）：土壌動物．指標生物—自然をみるものさし（新装版）（（財）日本自然保護協会編），pp.252-257＋末尾別表，平凡社.

青木淳一（1995）：土壌動物を用いた環境診断．自然環境への影響予測—結果と調査法マニュアル（沼田　真編），pp.197-271，千葉県環境部環境調査課.

青木淳一（2005）：だれでもできるやさしい土壌動物のしらべかた—採集・標本・分類の基礎知識，102pp.＋末尾別表，合同出版.

青木淳一編（2015）：日本産土壌動物　第二版，東海大学出版部.

あとがき

　日本土壌動物学会の大会で，トビムシやミミズなどの土壌動物が大きく引き延ばされた皆越ようせいさんの写真を見たときの，まるで自分が土壌動物になって土の中に潜り込んだような感動は，今でも鮮明に思い出される．

　本書の最も肝になっているのは第2章である．この章は，土の中でひそかに，しかし一生懸命生きている美しき土壌動物たちを多くの人たちに知ってもらいたい，そして，皆越さんの写真から受けた感動と同じ感動を，次は我々が多くの方に伝えたいという意図で作成した．そのため，学術的というよりグラビア的な観点で，吉田さんや塚本さんがこれまでに撮りためた多数の写真の中から多くの分類群を網羅するように，そしてできるだけ多数の種を紹介できるように，また，土壌動物たちの素晴らしさや生態が見えてくるように写真を選定した．この作業が最もたいへんであったが，たくさんの写真を見ることができたため楽しみでもあった．
　撮影地をみていただくとわかると思うが，一部を除いて多くの撮影地は都市公園だったり，スギの植林地だったり，里山的環境だったりと人為的影響があるような身近な環境であり，高山帯のハイマツ林やアクセスの難しい天然林などの特殊な環境ではない．ということは，この本で取りあげた土壌動物たちに会うのに，高山帯にまで登ったり，天然林にまで苦労してたどり着いたり，ましてや，危険を冒して地下の洞穴にまで入ったりすることは不要なのである．私たちの身近な環境でいつでも簡単に，こんなにも美しい土壌動物たちに出会うことができるのである．この本を閉じたら，すぐ近くの石や落ち葉を裏返して，そこに潜んでいる土壌動物たちに会いに行って欲しいと思う．それが私たちの願いである．

　本の編集は初めての経験であるにもかかわらず，このように発刊できたのは仲間達からの叱咤激励のおかげである．この素晴らしき仲間達に感謝したい．また，本書の出版の機会を与えてくださった朝倉書店編集部には心より深く感謝申し上げる．締め切りを守れず，初校で大きく修正したりするなどとんでもない状態にもかかわらず，私たちを温かく見守っておつきあいくださった担当諸氏には頭が下がる思いである．

　最後になるが，本書を手にしていただいた読者諸賢に感謝したい．第2章をみて土壌動物に興味をもった方は，カメラを持ってどんどん土壌動物に会いに行って欲しい．そして，第4章を参照して土壌動物の観察会を実施し，土壌動物に興味をもった子供達をたくさん育ててもらいたい．日本のいろいろな場所で土壌動物の観察会が開催されることを期待する．

　2019年11月吉日　土壌動物たちの写真を眺めながら

萩原康夫

索 引

事項索引

ISO感度　136
RMSマクロレンズ　131

あ 行

イメージセンサー　128

ウルヌラ　59
液浸標本　149

エクステンションチューブ　129, 131
円盤検索表　143, 147
大型土壌動物　2, 4, 7

オコナー装置　6
オコナー法　2, 6
落葉変換者　7

か 行

環境指標　8, 150
環境指標生物　9, 49, 123, 150
環境診断　9, 150
環境評価　9
乾式抽出法　2
乾性動物　2
乾燥標本　150

求愛行動　115, 122
吸虫管　4, 142, 147, 148

クローズアップレンズ　127, 129

検索表　147
顕微鏡　146, 147

好蟻性生物　112
高倍率撮影　127
小型土壌動物　2
小絞りボケ　136
コドラート　152
コンパクトデジタルカメラ（コンデジ）　127

さ 行

採集道具　147

歯舌　15
自然観察会　139
湿式抽出法　2
湿性動物　2, 5
実体顕微鏡　146, 147
指標生物　150
絞り　136

シャッタースピード　136
樹脂包理標本　150
触肢　60, 66, 73
深度合成　136

ストロボ　133, 134, 136

生殖門　51
生態系改変者　8
生物指標　9
接写レンズ　129, 131

た 行

ダーウィン　20
ダニ類の体系　40
団粒構造　8, 20

中型土壌動物　2, 4
抽出　2
超大型土壌動物　2
跳躍器　103
チルト液晶　128

ツルグレン装置　4, 142, 144, 145, 147, 148
ツルグレン法　2, 4

ディフューザー　133, 134
デジタル一眼カメラ　127, 128
テーブルクロス　7
手振れ防止　135
テレコンバーター　129

同定作業　146
毒針　66
土壌試料　3
土壌節足動物　7
土壌動物　1
　　——観察会　139
　　——土壌動物の採集法　3
土壌動物学　7
土壌動物抽出装置　3
トビムシの体系　104

な 行

ネオ一眼　128
粘管　103

は 行

ハサミ（触肢）　60, 66, 73
バリアングル液晶　128
ハンドソーティング法　4

被写体深度　136
微小環境　141
非殺生型簡易ツルグレン装置　148
標本　141, 147, 149
ヒルジン　24
拾い取り法　3
ビンゴ票　142, 143
ピンセット　4, 141, 147
ピント合わせ　135

ブアン液　6
腹柄　67
物質循環　7
物理的分解　7
篩（ふるい）　143, 147
分解者　7, 9, 49

ペットボトル型吸虫管　148, 149
ヘッドライト　137
ペトリ皿　144, 145
ベールマン装置　5
ベールマン法　2, 5
ベローズ　131

ま 行

マイクロハビタット　3
マイクロフォーサーズ機　129
マクファーデン抽出装置　5
マクファーデン法　5
マクロファウナ　2
マクロレンズ　129

ミクロファウナ　2
見つけ取り　143

蒸れ　3

メガファウナ　2
メソファウナ　2

模造紙　143

や 行

野外活動　139

ら 行

ライブビュー撮影　129

ルーペ　137, 147

わ 行

若虫　48, 51

動物名索引① （和名）

あ 行

アオキミミズ　20
アオズムカデ　79
アカザトウムシ科　29
アカヒラタヤスデ属　87
アカマダラマルトビムシ　119
アカムカデ科　80
アカムカデ属　80
アギトダニ科　45
アキヤマアカザトウムシ　28
アナガミコケカニムシ　68
アナタカラダニ属　59
アマミサソリモドキ　73
アミメオニダニ科　52
アミメオニダニ属　52
アメリカアゴザトウムシ科　31
アヤトビムシ科　114
アヤヒゲナガトビムシ　113
アリノストビムシ科　112
アリノストビムシ亜科　112
アリマキタカラダニ属　43

イエテイフクロイボトビムシ　109
イカダニ科　56
イシダコシビロダンゴムシ　95, 102
イシムカデ科　77
イシムカデ属　77, 78
イソカニムシ科　64
イソカニムシ　64
イチョウヤドリカニムシ　65
イッスンムカデ科　76
イッスンムカデ属　77
イッスンムカデ　76
イトクチザトウムシ科　30
イトダニ科　39
イトヤスデ科　89
イボトビムシ科　107
イマダテテングヌカグモ　69
イレコダニ科　52

ウエノコンボウマルトビムシ　119
ウスアカフサヤスデ　88
ウスイロヒメヘソイレコダニ　50
ウズタカダニ科　53
ウズムシ目　13
ウデナガサワダムシ　74
ウデナガダニ科　39, 130
ウデナガダニ属　39
ウデブトザトウムシ　34
ウミベワラジムシ科　97
ウラシマグモ科　71
ウラシマグモ　71
ウロコナガコムシ　124

エダヒゲムシ綱　85
エダヒゲムシ目　85
エダヒゲムシ科　86
エビガラトビムシ　105
エリジロベニジムカデ　81
エリナシダニ科　56
エリヤスデ科　91

エリヤスデ属　91

オイソダニ科　45
オイソダニ属　45
オウギッチカニムシ科　61
オウギッチカニムシ属　61
オウギッチカニムシ　61
オウギトビムシ科　113
オウギマルトビムシ　117
オオアオイボトビムシ　108
オオアカザトウムシ　29
オオイレコダニ　52
オオゲジ　76
オオスネナガダニ　53
オオナミザトウムシ　27
オオハヤシワラジムシ属　99
オオヒラタザトウムシ　34
オオベソマイマイ属　18
オオムカデ科　75, 79
オオヤドリカニムシ　65
オカクチキレガイ科　16
オカダンゴムシ科　100
オカダンゴムシ　100
オカチョウジガイ属　16
オカックシヤスデ　89
オカメワラジムシ属　98
オドリコトビムシ科　115
オナジマイマイ科　18
オニマルトビムシ　117
オビヤスデ目　94
オビヤスデ亜目　93, 94
オビヤスデ属　93
オビワラジムシ　99

か 行

カイニセタテヅメザトウムシ　28
カギカニムシ科　64
カギキヌトビムシ　112
カザアナヤスデ科　89
カサキビ属　18
カニムシ目　60
カブトザトウムシ　30
カベアナタカラダニ　59
カマアカザトウムシ科　29
カマアシムシ目　123
ガロアムシ目　126
ガロアムシ科　126
ガロアムシ　126
カワザトウムシ科　27, 34
カンセンチュウ目　26

キイロヒメマルトビムシ　118
キタカミメクラッチカニムシ　62
キタッチカニムシ　61
キツネダニ科　38
キツネダニ属　38
キヌトビムシ科　112
キビガイ　19
キボシアオイボトビムシ　107
キュウジョウコバネダニ　57
胸穴ダニ上目　36, 40

胸板ダニ上目　36, 40
キョクトウサソリ科　66
キララマダニ属　41

クガビル科　25
クキワラジムシ科　97
クシカマアシムシ科　123
クシゲマメダニ亜目　42
クモスケダニ科　56
クモタカラダニ属　43
クモマルトビムシ科　118, 119, 121
クモ目　67
クロヒメヤスデ　88
クロフヒゲナガトビムシ　113

ケアシザトウムシ　31
ゲジ科　76
ゲジ　76
ケシガイ属　16
ケシトビムシ属　114
ゲジムカデ　78
ケダニ亜目　42
ケナガドンゼロエダヒゲムシ　86

コアカザトウムシ　29
コイソカニムシ　64
コガネサソリ科　66
コケカニムシ科　63
コシジマルトビムシ　118
コシダカシタラ　19
コシビロザトウムシ　130
コシビロダンゴムシ科　95, 101
コスモヨロイダニ属　46
コデーニッツサラグモ　69
コテングヌカグモ　70
コナダニ小目　58
コナダニ科　59
コハナグモ　13
コバネダニ科　57
コブラシザトウムシ　31
ゴホントゲザトウムシ　33
ゴホンヤリザトウムシ　34
ゴマガイ科　15, 16
ゴマガイ属　16
ゴミッケタカラダニ属　44
コムカデ綱　84
コムシ目　124
コモリグモ科　69

さ 行

ザウテルアカイボトビムシ　110
ザウテルアヤトビムシ　114
ササラダニ亜目　8, 49
サスマタアゴザトウムシ　30
サソリ目　66
サソリモドキ目　73
サソリモドキ科　73
ザトウムシ目　27
サバクカニムシ科　64
サラグモ科　69
ザラタマゴダニ科　55

157

索　引

シタラ科　19
シッコクコシビロダンゴムシ　101
シママルトビムシ　121
ジャワイレコダニ属　51
ジュズダニ科　49, 53, 54
シロタビタカラダニ　43
シロトビムシ科　105
シロトビムシ亜科　106
シロハダヤスデ科　91
シロハダヤスデ属　91

スギモトブラシザトウムシ　32
スジメナシムカデ　79
スズキダニザトウムシ　30
スネナガダニ科　53

セグロコシビロダンゴムシ　101
セグロマルトビムシ　119
セスジアカムカデ　80
セマルダニ科　54
セマルヤリダニ属　38
線虫類（線形動物門）　26

た　行

タカクワヤスデ属　93
タカネシワダニ科　54
タカネシワダニ属　54
タカラダニ科　33, 43, 59
タテイレコダニ科　51
タテヤマテナガグモ　71
タテヤママルトビムシ　120
ダニザトウムシ科　30
ダニ類　36
タマゴグモ科　68
タマモヒラタヤスデ　90
タマヤスデ科　88
タマヤスデ属　88
タマワラジムシ科　97

チビアミメイボトビムシ　109
チビサメハダトビムシ　107
チビテングダニ属　45
チマダニ属　36

ツチカニムシ科　62
ツチトビムシ科　111
ツチムカデ科　80
ツノカニムシ科　60
ツノナガヒシガタトビムシ　107
ツムガタアゴザトウムシ　31
ツメジムカデ　83
ツメナシミドリジムカデ　82
ツリミミズ科　22

テマリエダヒゲムシ科　86
テマリエダヒゲムシ属　86
テングダニ科　44
テングヌカグモ　70

トウキョウコシビロダンゴムシ　101
トウヨウヨロイダニ属　46
トゲアカザトウムシ科　28
トゲイシムカデ　78
トゲザトウムシ　33
トゲダニ目　37

トゲダニ亜目　40
トゲトビムシ科　111
トゲトビムシ属　111
トゲモリワラジムシ属　98
トビズムカデ　75, 79
トビムシ目　4, 103
トラフババヤスデ　92

な　行

ナガコムシ科　124, 125
ナガコムシ属　125
ナガズジムカデ科　83
ナガタカラダニ科　43
ナガテングダニ属　44
ナガミズ目　20
ナガワラジムシ科　96
ナガワラジムシ　96
ナタネガイ科　17
ナミケダニ科　42, 48
ナミコムカデ　84
ナミコムカデ科　84
ナミハグモ科　68
ナミハグモ属　68
ナルトミダニグモ　68

ニシキマルトビムシ属　121
ニセササラダニ亜目　49
ニッコウヒラベッコウ　19
ニホンアカザトウムシ　29
ニホンアゴザトウムシ科　30
ニホンカブトツチカニムシ　62
ニホンタマワラジムシ　97
ニホンヨロイエダヒゲムシ　86, 138

ネオンハエトリ　72
ネッタイコシビロダンゴムシ属　130

ノトチョウチンワラジムシ　97

は　行

ハエダニ科　39
ハエダニ属　37, 39
ハエトリグモ科　71
ハガヤスデ科　90
ハガヤスデ　90
ハゴロモトビムシ亜科　114
ハサミコムシ科　125
ハタケミミズ　22
バッラマイマイ科　17
バッラマイマイ　17
ハナダカダンゴムシ　100
ハネグモ属　68
ハバヤスデ科　92
ハバヤスデ属　93
ハマダンゴムシ科　102
ハマダンゴムシ　102
ハマトビムシ科　102
ハモリダニ科　47
ハヤシワラジムシ科　99
汎ケダニ目　42
汎ササラダニ目　49

ヒシガタトビムシ科　107
ヒダリマキゴマガイ　15
ヒトツメマルトビムシ科　115

ヒトツメマルトビムシ属　116
ヒトツメマルトビムシ　115
ヒトツモンミミズ　21
ヒトハリザトウムシ　35
ヒトフシムカデ属　78
ヒノマルコモリグモ　69
ヒメイボトビムシ亜属　108
ヒメッチトビムシ亜科　111
ヒメフナムシ属　96
ヒメヘソイレコダニ科　50
ヒメヘソイレコダニ　50
ヒメベッコウガイ　18
ヒメマメザトウムシ　32, 130
ヒメマルトビムシ科　116
ヒメミミズ科　23
ヒメヤスデ科　88
ヒメリキシダニ　55
ヒメワラジムシ科　98
ヒラタヤスデ科　87, 89
ヒラタヤスデ　89
ヒル綱　24
ヒロズジムカデ　83

フイリマルトビムシ　120
フキソクミミズ　21
腹足綱（マキガイ綱）　15
フサヤスデ科　88
フシトビムシ亜目　103
フタエツノヌカグモ　70
フタマドジムカデ　82
ブチババヤスデ　92
フツウテングダニ属　44
フトスジミミズ　21
フトミミズ科　20, 21
フナムシ科　96
ブラシザトウムシ科　31

ベッコウマイマイ科　18
ベニジムカデ科　81

ホソシロトビムシ亜科　106
ホソヅメベニジムカデ　81
ホソワラジムシ　100
ホラトゲトビムシ属　112
ホンワラジムシ科　98

ま　行

マイコダニ科　50
マイコダニ　50
マキガイ綱（腹足綱）　15
マクラギヤスデ　91
マザトウムシ科　33
マザトウムシ　33
マダニ目　41
マダニ科　36, 41
マダラサソリ　66
マダラムラサキトビムシ属　105
マドジムカデ科　82
マメザトウムシ科　32
マメザトウムシ　32, 35
マルトゲダニ科　55
マルトビムシ亜目　103
マルトビムシ科　117, 118

ミコシヤスデ科　90

索 引

ミジントビムシ亜目　103
ミジントビムシ科　114
ミジントビムシ属　115
ミジンナタネ　17
ミズマルトビムシ　115
ミツヅメザトウムシ科　28
ミツマタカギカニムシ　63
ミツワマルトビムシ　120
ミドリジムカデ　82
ミドリトビムシ　111
ミドリハシリダニ科　46
ミドリババヤスデ　92
ミナミイソホソイボトビムシ　109
ミナミワラジムシ属　98
ミミズ類（ナガミミズ目）　8, 20
ミヤマタテウネホラアナヤスデ　89

ムカデ綱　75
ムギダニ属　46
ムツニセタテヅメザトウムシ　28
ムネトゲツチカニムシ　62
ムラサキトビムシ科　105
ムラサキトビムシ属　105

メナシムカデ科　79

モミイボトビムシ　108
モモブトイシムカデ　77
モリヤドリカニムシ　65
モンツキヒメマルトビムシ　116

や 行

ヤイトムシ目　74
ヤイトムシ科　74
ヤエヤマサソリ　66
ヤサコムカデ科　84
ヤサコムカデ　84
ヤスデ綱　87
ヤツワクガビル　25
ヤドリカニムシ科　65
ヤマトオウギトビムシ　113
ヤマトオオイカダニ　56
ヤマトクモスケダニ　56
ヤマトハサミコムシ　125
ヤマトハヤシワラジムシ　99
ヤマトビムシ亜科　110
ヤマトフトゲマルトビムシ　117
ヤマトベニジムカデ　81
ヤマビル科　24
ヤマビル　24

ヤリタカラダニ科　47
ヤリタカラダニ属　47
ヤリダニ科　38

ユメダニ科　38
ユメダニ属　38

ヨコエビ目　4, 102
ヨダンハエトリ　67, 71
ヨツワクガビル　25
ヨロイエダヒゲムシ科　86
ヨロイダニ科　46

ら 行

ラブディティス科　26

リキシダニ　54
リクウズムシ科　13, 14

わ 行

ワラジムシ目　95
ワラジムシ科　99

動物名索引②（学名）

A

Acari（＝Acariformes＋Parasitiformes）
　36
Acaridae　59
Acariformes　36, 40
Acerentomidae　123
Acrotritia ardua　50
Adrodamaeus striatus　53
Aegista　18
Agnaridae　99
Allochernes
　A. ginkgoanus　65
　A. japonicus　65
Allochthonius　61
　A. borealis　61
　A. opticus　61
Alloniscidae　97
Alloniscus balssi　97
Allopeas　16
Amblyomma　41
Ampelodesmus granulosus　90
Amphipoda　4, 102
Amynthas
　A. tokioensis　21
　A. vittatus　21
Andrognathidae　87, 89
Antrokoreana takakuwai sylvestris　89
Anystidae　47
Araneae　67
Armadillidae　95, 101
Armadillidiidae　100
Armadillidium
　A. nasatum　100
　A. vulgare　100
Armadilloniscus notojimensis　97
Arotritia sinensis　50

B

Arrhopalites　116
　A. minutus　115
Arrhopalitidae　115
Arrup holstii　83
Arthropleona　103
Astigmata　58

Balaustium　59
　B. murorum　59
Bamazomus siamensis　74
Bdellidae　44
Bdellodes　44
Bekkochlamys nikkoensis　19
Biscirus　44
Bisetocreagris　64
Bisetocreagris japonica　63
Bothropolys　77
　B. rugosus　76
Brachycybe nodulosa　89
Bradybaenidae　18
Burumoniscus　98
Buthidae　66

C

Caddidae　32
Caddo
　C. agilis　32, 35
　C. pepperella　32, 130
Caeculisoma　44
Callyntrura japonica　113
Calyptostoma　47
Calyptostomatidae　47
Campodea　125
Campodeidae　124, 125
Carychium　16
Ceratoppia

C. quadridentata　55
　C. rara　54
Ceratozetella imperatoria　57
Ceratozetidae　57
Cheiletha
　C. macropalpus　82
　C. viridicans　82
Chernetidae　65
Chilenophilidae　82
Chilopoda　75
Chthoniidae　62
Cladolasma parvulum　30
Collembola　4, 103
Crosbycus dasycnemus　31
Cryptodesmidae　91
Cryptopidae　79
Cryptops striatus　79
Cubaris　130
Cunaxa　45
Cunaxidae　45
Cybaeidae　68
Cybaeus　68
Cyphoderidae　112
Cyphoderinae　112
Cyta　45

D

Damaeidae　49, 53, 54
Deutonura　108
　D. abietis　108
Diaea subdola　13
Dicellophilus pulcher　83
Dicyrtomidae　118, 119, 121
Dicyrtomina leptothrix　118
Diplomaragnidae　90
Diplommatina　16
　D. paucicostata　15

159

索 引

Diplommatinidae　15, 16
Diplopoda　87
Diplura　124
Discidae　17
Discoconulus sinapidium　18
Discus pauper　17
Doenitzius pruvus　69
Donzelotauropus undulatus　86

E

Ellobiidae　16
Enchytraeidae　23
Endeostigmata　49
Entomobryidae　114
Epanerchodus　93
Epedanellus tuberculatus　29
Epedanidae　29
Epicriidae　38
Epicrius　38
Eremobelba japonica　56
Eremobelbidae　56
Erythraeidae　33, 43, 59
Erythraeus　43
Esastigmatobius japonicus　78
Ethopolidae　76
Euconulidae　19
Eudigraphis takakuwai　88
Euphthiracaridae　50
Eurypauropodidae　86
Eurypauropus japonicus　86, 138
Eutrichodesmus　91
Evimirus　38
Eviphididae　38
Exallonicus　98

G

Galloisiana nipponensis　126
Gamasida　40
Garypidae　64
Garypus japonicus　64
Gastrodontella stenogyra　19
Gastropoda　15
Gastrostomobdellidae　25
Geophilidae　80
Geoplanidae　13, 14
Glomeridae　88
Grylloblattidae　126
Grylloblattodea　126
Gymnodamaeidae　53

H

Haemadipsa japonica　24
Haemadipsidae　24
Haemaphysalis　36
Hanseniella caldaria　84
Haplodesmidae　91
Haplophthalmus danicus　96
Haplotaxida　8, 20
Harlomillsia oculata　112
Helicarinidae　18
Henicopidae　78
Himalphalangium spinulatum　33
Hirudinea　24
Hirudisomatidae　89
Homaloproctus sauteri　105

Homidia sauteri　114
Homolophus arcticus　34
Hubbardiidae　74
Hyleoglomeris　88
Hypogastrura　105
Hypogastruridae　105

I

Idzubius akiyamae　28
Indotritia　51
Ischnothyreus narutomii　68
Isometrus maculatus　66
Isopoda　95
Isotoma viridis　111
Isotomidae　111
Ixodida　41
Ixodidae　36, 41

J

Japygidae　125
Julidae　88

K

Kainonychus akamai akamai　28
Karteroiulus niger　88
Katiannidae　116
Kiusiozonium okai　89
Kiusiunum　91
Kraussiana mitsukoae　43

L

Labidostomatidae　46
Leiobunum japanense japonicum　34
Lepidocampa weberi　124
Lepidocyrtinae　114
Leptus　43
Ligidium　96
Ligiidae　96
Linotaeniidae　81
Linyphiidae　69
Liocheles australasiae　66
Lipothrix japonica　117
Lithobiidae　77
Lithobius　77, 78
Lithobius pachypedatus　77
Lobella sauteri　110
Lucasioides　99
Lumbricidae　22
Lycosidae　69

M

Macrocheles　37, 39
Macrochelidae　39
Mahunkiella　46
Marpissa pulla　67, 71
Mecistocephalidae　83
Megachernes ryugadensis　65
Megalothorax　114
Megalotocepheus japonicus　56
Megascolecidae　20, 21
Mesostigmata　37
Metaphire agrestis　22
Metrioppiidae　54
Microbathyphantes tateyamaensis　71
Mongoloniscus vannamei　99

Monotarsobius　78
Morulina
　M. alata　108
　M. gilvipunctata　107
Mundochthonius japonicus　62

N

Neanuridae　107
Neelidae　114
Neelides　115
Neelipleona　103
Nelima genufusca　27
Nemasomatidae　89
Nemastomatidae　30
Nematoda　26
Neobisiidae　63
Neoliodidae　53
Neon reticulatus　72
Neosminthurus mirabilis　117
Nicoletiella　46
Niphocepheidae　54
Niphocepheus　54
Niponia nodulosa　91
Nipponogarypus enoshimaensis　64
Nipponopsalididae　30
Nipponopsalis
　N. abei　30
　N. yezoensis　31
Nothridae　52
Nothrus　52

O

Occasjapyx japonicus　125
Odiellus aspersus　33
Odontellidae　107
Oia imadatei　69
Olpiidae　64
Oncopoduridae　112
Oniscidae　98
Onopidae　68
Onychiuridae　105
Onychiurinae　106
Opiliones　27
Orchestina　68
Oribatida　8, 49
Oribotritiidae　51
Orobdella
　O. octonaria　25
　O. whitmani　25

P

Pachymerium ferrugineum　82
Paikiniana
　P. mira　70
　P. vulgaris　70
Papirioides uenoi　119
Papuaphiloscia　98
Parabeloniscus nipponicus　130
Parafontaria　93
　P. ishiii　92
　P. marmorata　92
　P. tonominea　92
Paranonychus fuscus　28
Pararoncus　60, 63
Parasitiformes　36, 40

Parobisium anagamidensis　68
Paronellidae　113
Pauropoda　85
Pauropodidae　86
Penthaleidae　46
Penthaleus　46
Phalangiidae　33
Phalangium opilio　33
Phalangodidae　29
Pheretima
　P. aoki　20
　P. hilgndorfi　21
Philosciidae　98
Phrurolithidae　71
Phrurolithus nipponicus　71
Phthiracaridae　52
Phthiracarus setosus　52
Platyameridae　56
Plutomurus　112
Podocinidae　39, 130
Podocinum　39
Podoctidae　28
Polydesmida　94
Polydesmidae　93, 94
Polyxenidae　88
Porcellio dilatatus　99
Porcellionidae　99
Porcellionides pruinosus　100
Proisotominae　111
Propeanura ieti　109
Proscotolemon sauteri　29
Prostigmata　42
Protura　123
Psathyropus tenuipes　35
Pseudachorutinae　110
Pseudobiantes japonicus　29
Pseudoscorpiones　60
Pseudotyrannochthoniidae　61
Pseudotyrannochthonus undecimclava-tus　62
Ptenothrix　121
　P. corynophora　119
　P.enticulata　121
　P. janthina　119
　P. tateyamana　120
　P. tricycla　120
　P. vittata　120
Pterochthoniidae　50
Pterochthonius angelus　50
Punctidae　17
Punctum atomus　17
Pyrgodesmidae　90

R

Rhabditida　26

Rhabditidae　26
Rhagidiidae　45

S

Sabacon
　S. makinoi sugimotoi　32
　S. pygmaeus　31
Sabaconidae　31
Salina
　S. bicincta　113
　S. speciose　113
Salticidae　71
Sarcoptiformes　49
Schaefferia　105
Schizomida　74
Sclerosomatidae　27, 34
Scolopendra
　S. japonica　79
　S. mutilans　75, 79
Scolopendrellidae　84
Scolopendridae　75, 79
Scolopocryptopidae　80
Scolopocryptops　80
　S. rubiginosus　80
Scorpiones　66
Scorpionidae　66
Scutigerellidae　84
Scutigeridae　76
Scyphacidae　97
Sironidae　30
Sitalina circumcincta　19
Smarididae　43
Sminthuridae　117, 118
Sminthurides aquaticus　115
Sminthurididae　115
Sminthurinus
　S. pallescens　116
　S. trinotatus　116
Sphaerolichida　42
Sphaeropauropodidae　86
Sphaeropauropus　86
Spherillo　101
　S. dorsalis　101
　S. ishidai　95, 102
　S. obscurus　101
Sphyrotheca multifasciata　117
Strigamia
　S. bicolor　81
　S. maritima japonica　81
　S. tenuiungulata　81
Styloniscidae　97
Subulinidae　16
Superodontella distincta　107
Suzukielus sauteri　30
Syarinidae　60

Symphyla　84
Symphylella vulgaris　84
Symphyopleurium　87
　S. okazakii　90
Symphypleona　103
Systenocentrus japonicus　34

T

Talitridae　102
Taracidae　31
Tenuialidae　55
Tetracondylidae　56
Tetramerocerata　85
Thelyphonida　73
Thelyphonidae　73
Thereuonema tuberculata　76
Thereuopoda clunifera　76
Tomoceridae　111
Tomocerus　111
Triaenonychidae　28
Tricca japonica　69
Trichoniscidae　96
Tricladida　13
Trochochlamys　18
Trombidiformes　42
Trombidiidae　42, 48
Tullbergiinae　106
Tylidae　102
Tylos granuliferus　102
Typopeltis stimpsonii　73
Tyrannochthonius japonicus　62

U

Uropodidae　39

V

Veigaia　38
Veigaiidae　38
Vitronura pygmaea　109

W

Walckenaeria keikoae　70

X

Xenillidae　55
Xenyllodes armatus　107
Xystodesmidae　92
Xystodesmus　93

Y

Yuukianura pacifica　109

土の中の美しい生き物たち
　　—超拡大写真でみる不思議な生態—　　　　　　定価はカバーに表示

| 2019年12月10日　初版第1刷 |
| 2020年 8 月25日　　　第3刷 |

	編著者	萩　原　康　夫
		吉　田　　　譲
		島　野　智　之
	発行者	朝　倉　誠　造
	発行所	株式会社　朝　倉　書　店

東京都新宿区新小川町6-29
郵　便　番　号　　162-8707
電　　話　03(3260)0141
ＦＡＸ　03(3260)0180
http://www.asakura.co.jp

〈検印省略〉

Ⓒ2019〈無断複写・転載を禁ず〉　　　　　シナノ印刷・渡辺製本

ISBN 978-4-254-17171-6 C3045　　　　　Printed in Japan

JCOPY ＜出版者著作権管理機構 委託出版物＞

本書の無断複写は著作権法上での例外を除き禁じられています．複写される場合は，
そのつど事前に，出版者著作権管理機構（電話 03-5244-5088，FAX 03-5244-5089，
e-mail: info@jcopy.or.jp）の許諾を得てください．